環境と倫理

新版

自然と人間の共生を求めて

加藤尚武 [編]

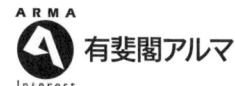

はしがき

　未来世代に緑の地球を残すという目的で京都議定書は1997年に作られた。2004年2月に発効したが、これは大きな目でみると、まだ小手調べである。「先進国が当面は5％」というCO_2など温暖化原因ガスの削減目標が定められているが、この目標を完全に達成しても、温暖化の防止はできない。国立環境研究所が2005年1月末に発表した試算では、「長期的な気温の上昇幅を2度程度に抑えるために必要な温室効果ガスの日本の削減分は、90年レベルから70％以上」と出されている。もっと本格的な対策としての新しい国際的な取り決めが必要で、そこには、どうしてもアメリカ（2000年の排出割合24％）、中国（12％）、インド（5％）に加入してもらわなければならない（ちなみに日本は5％*）。

　* 2004年現在では、アメリカ22.1％、中国18.1％、日本4.8％、インド4.3％である。

　しかし、先進国が、温室効果ガスの排出を減らすという目標をがむしゃらに追求すれば、先進国の経済活動が停滞して開発途上国の貧しい人々を見殺しにする結果になるかもしれない。63億人の地球人のなかに8億人の人が1日1ドル以下で暮らしている。貧困をなくすことに世界中が責任を負うという仕組みを作って、そのなかに環境保護を組み込むのでないと、温暖化対策に開発途上国の協力が得られない。

　スイスの社会学者ジャン・ジグレールは『世界の半分が飢えるのはなぜ？』という書物で、アフリカの情景を次のように描いている。「都市ガスなんかないから、毎日薪を燃やして料理をしている。か

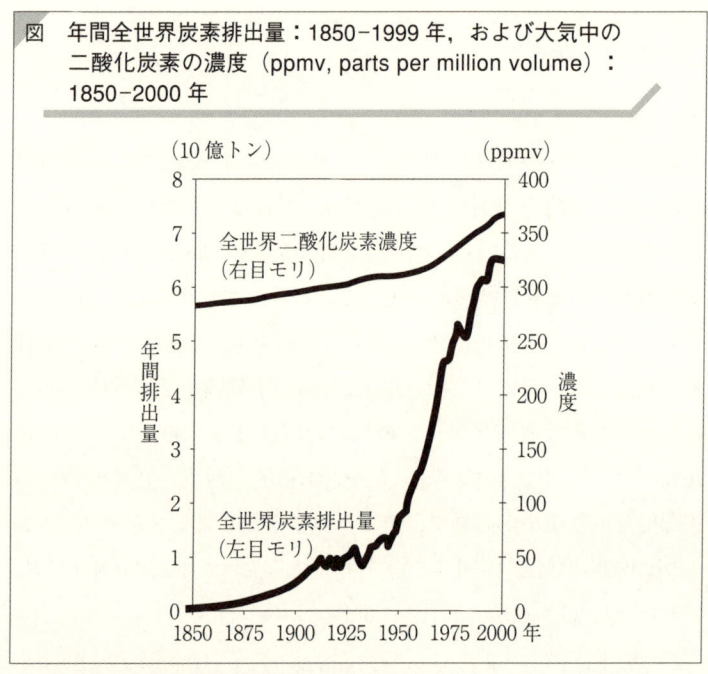

図　年間全世界炭素排出量：1850–1999年，および大気中の二酸化炭素の濃度（ppmv, parts per million volume）：1850–2000年

なりの量の薪が必要で，近くの木を伐採してしまうと，低木ややぶや木の根っこまで取り尽くしてしまう。そしてそこをすっかり禿地にしてしまうと，次の場所に移動していく」。京都議定書の取り決めにしたがって，日本のような先進国がアフリカやアジアで植林をしても，現地の政府が，住民にそこの木を切ってはいけないと命令すれば，住民は生きていけなくなる。

　温暖化問題と並んで注目しておかなくてはならないのは，大気中の炭酸ガス量を人間にとって生理的な危険量に近づけないようにすることである。現在は360 ppmだが，産業革命で石炭を使い始める前の状態（280 ppm）の2倍以下の炭酸ガス量に押さえ込むことが，国連の目標になっている。この自己制御ができないと，地球全

体が人が健康に住むことのできない場所になってしまうので，これは絶対に失敗の許されない課題である。

また，温暖化の防止ができない場合の措置も決めなければならない。海面上昇の結果，水没する国の人々を救う方法はどうするのか。また，たとえば，氷が解けて海水が淡水化すると海流の熱搬送循環（thermohaline circulation）が働かなくなるといわれている。メキシコ湾流のおかげで極端な寒冷化が防がれている北部ヨーロッパが，人が住めないほど寒くなるという急激な気候変動（abrupt climate change）の予測が出されている。

われわれが，次の世代に地球をバトンタッチするとき，「もう石油はありません，大気圏には炭酸ガスがいっぱいで，もうこれ以上排出することは不可能です」といわなければならないとしたら，私たちは口先では「進歩」を唱えながら，本当は未来世代への加害者であったことになる。子どもや孫がすこやかに生きる道をふさいでしまうかもしれない。

西暦2500年には，石油だけでなく，あらゆる地下資源が枯渇すると予測する人がいる。人類の文明が始まって以来の主要な金属の総生産量が108億トンであり，1991年から2000年までの10年間の総生産量が82億トンであるという推計もある。食料についてもレスター・ブラウンは「1984年以後世界全体で一人当たりの穀物生産高は減少のカーブを描いている」と悲観的な予測を述べている。しかし，世界全体がカタストローフに陥る前にさまざまな準備的な試練がやってきて，それを一つ一つ克服していくことによって，結局は人類というわがままな生き物が，世界全体で協調して環境問題を解決していく方法を発見するようになることを期待したい。

未来世代への責任がどのくらいの長さに及ぶかということを考え

てみよう。たとえば，原子力発電所から出る高レベル廃棄物を埋蔵処理したとき，管理責任の期間を1000年に設定するのが，技術的に妥当な最小年限である。

埋蔵する地下室の安全性について「1000年」という保証期間を認めていいのだろうか。ニュートンの『プリンキピア』の出版が1687年であるから，近代科学の年齢はほぼ300年である。1000年間かけた実験を何度も繰り返したとはいえない。地質学的に類似した場所を調査して，過去1000年間の変化を調べるということも行われているが，反復実験によって安全性を確認するという筋書きの要求には応じられない。

つまり未来世代への責任という概念が用いられる期間が，科学的な因果性を検証するための時間よりも長くなってしまうと，因果性の認識を前提にした責任構造が成り立たなくなってしまう。

人類がいまよりもずっと賢くなって，長い目で地球の上の生き物のことを心配して，責任をもって未来の生活の可能性を見つけなくてはならない。

しかし，地球全体の長期的な予測にもとづく対策をとるとなると，合意形成がとても困難になる。たとえば，床下に危険物があって避難するとしよう。私一人ならすぐにでも避難するだろう。それが多数になると，「本当に危険物は存在するのか」とか「最善の避難所はどこか」など，合意のための時間とコストが大きくなる。すると結局は世界のさまざまな世論の調整がつかないうちに，最後のカタストローフを迎えるという結末になる。「予見された危機が回避されるためには，危機の発生以前に合意の形成の方法が見出されていなくてはならない」というのが，地球的な危機への処方箋になるのではないだろうか。

環境と資源の問題の出口はどこにあるのだろう。枯渇する資源・化石燃料に現代工業が依存しているということが，さまざまな軍事紛争の原因となっている。化石燃料を使うこと自体を止めて，燃料を循環型の資源に切り替えることが，人類が平和的に生き残るための最終的な可能性である。そうした可能性への道を着実に人類がたどること，それが現代の希望である。

　本書の初版は1998年に刊行されたが，京都議定書の発効，温暖化にともなう気候変動の再評価，世界規模での貧富の差の拡大，「拡大された製造者責任」「持続可能性」「エコロジカル・フットプリント」等の概念の登場など，環境をめぐる理論的な状況の変化に対応すべく，大幅に改訂をほどこした。

　2005年9月

加　藤　尚　武

執筆者紹介（執筆順，＊は編者）

＊加藤　尚武（かとう ひさたけ）

　　1937年生まれ　　京都大学名誉教授
　　［執筆分担］　第1章，第3章，第7章，Column「熊沢蕃山と安藤昌益」

丸山　徳次（まるやま とくじ）

　　1948年生まれ　　龍谷大学文学部教授
　　［執筆分担］　第2章，第4章

盛永　審一郎（もりなが しんいちろう）

　　1948年生まれ　　富山大学名誉教授
　　［執筆分担］　Column「ハンス・ヨナス」

上遠　恵子（かみとお けいこ）

　　1929年生まれ　　エッセイスト，レイチェル・カーソン日本協会理事長
　　［執筆分担］　Column「レイチェル・カーソン」

戸田　清（とだ きよし）

　　1956年生まれ　　長崎大学環境科学部教授
　　［執筆分担］　第5章

伊勢田　哲治（いせだ てつじ）

　　1968年生まれ　　京都大学大学院文学研究科准教授
　　［執筆分担］　第6章

鵜木　奎治郎（うのき けいじろう）

　　1930年生まれ　　前・明星大学大学院人文学研究科教授，千葉大学名誉
　　　　　　　　　　教授
　　［執筆分担］　Column「エマソンとソローと自然の教育」

須藤　自由児（すどう じゆうじ）

　　1945年生まれ　　前・松山東雲女子大学人文学部教授
　　［執筆分担］　第8章

岡島　成行（おかじま しげゆき）

　1944 年生まれ　　前・大妻女子大学家政学部ライフデザイン学科教授
　［執筆分担］　Column「ジョン・ミューア」

間瀬　啓允（ませ ひろまさ）

　1938 年生まれ　　東北公益文科大学名誉教授，慶應義塾大学名誉教授
　［執筆分担］　第 9 章

伊東　多佳子（いとう たかこ）

　1963 年生まれ　　富山大学芸術文化学部准教授
　［執筆分担］　Column「環境芸術は自然の治癒をめざす」

本田　裕志（ほんだ ひろし）

　1956 年生まれ　　前・龍谷大学文学部教授
　［執筆分担］　第 10 章

及川　敬貴（おいかわ ひろき）

　1967 年生まれ　　横浜国立大学大学院環境情報研究院教授
　［執筆分担］　第 11 章

金谷　佳一（かなや よしいち）

　1948 年生まれ　　前・鳥取環境大学環境情報学部准教授
　［執筆分担］　第 12 章

INFORMATION

●**本書とは何か**　本書は，近年，注目されている「環境倫理学」の全体像を紹介しています。自然の価値をいかに認識し，自然と人間との関係・ルールはどうあるべきか，環境問題をどのようにとらえ解決していくべきか――この探究をすすめる最先端の学を，最新の議論と事例に基づいて平易に解説しています。

●**本書の構成**　本書は 12 章よりなり，各章は「本章のサマリー」「本章で学ぶキーワード」「本文」「Column」「演習問題」「参考文献」で構成され，環境倫理学の内容が立体的かつ確実に学習できるようになっています。

●**サマリー**　各章の冒頭に「本章のサマリー」が付けられています。その章で学ぶ内容の概要や位置づけが的確に理解できるようになっています。

●**キーワード**　重要な概念や用語は，各章の冒頭で「本章で学ぶキーワード」として一覧を示しています。また，本文中ではゴチックとして表示されています。

●*Column*　本書全体で六つの「Column」が挿入されています。本書の内容に関連した重要人物や事項が解説され，本書の理解を深められるよう工夫されています。

●**演習問題**　各章末に，その章の内容に関連した「演習問題」が付けられています。より進んだ学習やゼミなどでの討議課題として利用してください。

●**参考文献**　各章について，さらに学習を進めるための「参考文献」がリストアップされています。日本語文献を中心に，読者が入手しやすいものが選択されています。

●**索　引**　巻末には，キーワードを中心に基礎タームが検索できるよう「索引」が収録されています。学習に有効に役立ててください。

環境と倫理 ● 目 次

第1章 環境問題を倫理学で解決できるだろうか
未来にかかわる地球規模の正義

1 環境問題と公害 ……………………………… 2
● 環境問題の多様性

2 予防原則とリスク・コミュニケーション ……………… 3
● 未然防止と最悪事態の回避

予防原則(3)　リスク評価(4)

3 自然の歴史性 ……………………………… 7
● 自然を守れという判断の根拠

自然の法則と技術——自然主義の限界(7)　自然に永遠なし？(8)

4 環境倫理学の三つの主張 ……………………… 9
● 地球の有限性，世代間倫理，生物保護

地球の有限性(9)　世代間倫理(10)　生物保護(11)
環境倫理学の立場(12)　資源の有限性と自由・平等

(13)　環境的正義と囚人のジレンマ(13)

第2章　人間中心主義と人間非中心主義との不毛な対立　17
実践的公共哲学としての環境倫理学

1 環境倫理学は何をしてきたのか？ …………………… 18
●議論の出発点

何のための環境倫理学か？(18)　倫理学とは何か？(18)　人間中心主義批判からの出発(19)

2 人間中心主義克服の諸方向 …………………… 21
●自然の価値論の展開

自然の価値論(21)　パトス中心主義あるいは動物解放論(24)　生命中心主義(25)　生態系中心主義——個体主義と全体論主義との論争(26)　価値の主観主義と客観主義(27)

3 環境倫理学の反省 …………………… 29
●人間中心主義の再考

第三世界からの批判(29)　環境正義の運動(30)　環境プラグマティズムの主張(32)　道徳上の一元論と多元論(34)

4 モデルとしての「里山の環境倫理」 …………………… 36
●日本からの提案

「里山」の再発見(36)　人と自然の関係性の保全(37)

第3章　持続可能性とは何か　41
開発の究極の限界

1 ブルントラント委員会報告書から …………… 42
　●開発の可能性に道を開く

2 ロックの但し書き …………… 43
　●先行者と後続者の間の平等

3 ミルの予測 …………… 45
　●資源枯渇と自由主義経済

4 枯渇型資源への依存 …………… 46
　●スモール・イズ・ビューティフル

5 デイリーの持続可能な発展のための三つの条件 …………… 47
　●自然的持続条件の再現

　デイリーの思想(47)　　デイリーの三条件(48)

6 枯渇型資源の使い回し …………… 50
　●非在来型化石燃料

7 女性の地位が向上すれば人口が減少する？ …………… 52
　●人口指標の意味

8 石油埋蔵量の変動 …………… 53
　●埋蔵量が変化する理由

　石油枯渇予測(53)　　コンスタント・ストック(54)
　デイリー批判(55)　　四つのシナリオ(57)

9 石油消費効率の向上 …………… 58
　●技術の向上は資源の減少をカバーするか

10 核融合制御技術の開発の可能性 ……………………… 61
● 「開発時間短縮の法則」は存在するか

11 エネルギー問題の最後の出口 ……………………… 63
● 再生可能エネルギーへの転換

第4章 文明と人間の原存在の意味への問い 67
水俣病の教訓

1 「公害から環境問題へ」? ……………………… 68
● 「公害」概念の再評価

公害は終わったのか(68)　公害とは何か(69)

2 水俣病の原因企業と原因究明 ……………………… 72
● 政府見解までの12年

原因企業――チッソ(73)　困難を極めた原因究明(75)

3 水俣病の「原因」とは何か ……………………… 77
● 無視された「食中毒」

企業の義務とその無視の構造(77)　汚悪水論と食品衛生法の不適用(79)

4 認定制度の問題性と司法・政治システムの限界 ……… 82
● 水俣病は終わらない

無視された水俣病の全体像(83)　政治解決（?）への道(84)

5 水俣病事件の責任とは何か ……………………… 86
● 病根としてのシステム社会

第5章 環境正義の思想 …… 91
環境保全と社会的平等の同時達成

1 便益と被害の不平等な配分 …… 92
● 金持ちが環境を壊し,貧乏人が被害を受ける

人類の資源多消費と集団間格差(92)　弱者に集中する環境問題の影響(94)

2 資本主義,ソ連型「社会主義」,南北問題 …… 96
● 企業や国家への力の集中が招く環境破壊

産業公害と生活型公害(96)　環境問題と南北問題(98)　官僚機構や企業への力の集中と環境問題(99)

3 アメリカにおける「環境人種差別」と「環境正義」 …… 100
● 有色人種や低所得層にも広がる環境運動

有色人種と環境問題(101)　環境正義を求める運動の高まり(102)

4 手続きの民主化 …… 104
● 民衆の自治と情報公開は環境保全の必要条件

分配的正義と手続き的正義(104)　世界システムはこれでよいか(104)

5 環境正義と平和 …… 107
● グローバル正義へ向けて

戦争と環境破壊・資源浪費(107)　環境正義とグローバル正義(108)

第6章　動物解放論　111
動物への配慮からの環境保護

1 動物倫理と環境倫理 …………………………… 112
● 移入種問題を手がかりに

動物倫理という概念(112)　和歌山のタイワンザル問題(112)　動物倫理のさまざまな立場(114)

2 動物解放論の論理 ……………………………… 116
● 利益の平等な配慮と危害の禁止

利益に対する平等な配慮(116)　動物の解放(118)
リーガンの「動物の権利」論(120)　動物解放論に関する疑問と回答(123)

3 環境倫理における動物解放論 ………………… 126
● 個体主義的に環境保護を考える

動物解放論から見た環境保護(126)　生命中心主義からの批判(128)　生態系中心主義からの批判(129)

第7章　生態系と倫理学　135
遺伝的決定と人間の自由

1 「温暖化＝ゆっくりした変化」ではない ……… 136
● 自然災害の増加

2 21世紀のキーワードは「環境難民」 ………… 138
● 世界の半分で水不足

3 アメリカは自国中心主義の強化 ……………… 140
● 国家主権を超える地球的利益

ミリタリー・バランスから軍事帝国主義へ(140)

4 最適者の生き残り ……………………………………… 143
  ● 最も小さいフットプリント

5 ハーディンの「共有地の悲劇」(1968年) ……………… 146
  ● 「見えざる手」への反証例

6 ハーディンの「救命艇の倫理」(1974年) ……………… 148
  ● 誰が生き残るかの選択の根拠

7 自然主義再考 ……………………………………………… 151
  ● 価値は存在に内在する

8 自然的サンクション ……………………………………… 153
  ● アニミズムの消滅

9 市場経済のサンクション機能 …………………………… 155
  ● 安全と公正と公共財

10 「乳飲み子」の倫理 ……………………………………… 157
  ● もうひとつの自然主義倫理

第8章 自 然 保 護   163
どんな自然とどんな社会を求めるのか

1 自然保護運動 ……………………………………………… 164
  ● 歴史の概観──アメリカと日本

アメリカの初期自然保護運動と保存/保全の対立(164)
国際的自然保護運動の発展とアメリカにおける環境革命
(165)　自然保護運動と反公害闘争──日本における
環境保護の運動/闘い(166)

2 保全と保存 ･･ 169
● 対立するのか——考察

白神山地，世界自然遺産への登録問題と保全・保存（169）　商業捕鯨は再開されるべきか（170）　保全と保存をめぐる考察（171）

3 選好功利主義と自然保護 ･･･････････････････････････････････ 173
● 人間の生命よりも，快と選好を重視する

シンガーの選好功利主義（173）　選好功利主義と生命倫理——考察（175）

4 生物多様性の保全と保全生態学 ･･････････････････････････ 178
● 社会的目標と科学とのつながり

保全生態学（178）　外来生物法と自然保護——考察（179）

第9章　環境問題に宗教はどうかかわるか　187
人間中心から生命中心への〈認識の枠組み〉の変換

1 自然に対する人間のかかわり ･･････････････････････････････ 188
● 自然倫理の基盤となるもの

西洋近代の限界と東洋思想への期待（188）　アニミズムの自然観（188）

2 日本人の自然観 ･･ 190
● 仏道と結びついた日本人の自然理解

自然と人間の連続性（190）　なぜ日本で急激な自然破壊が進んだのか（191）

3 西欧の自然観 ……………………………………… 193
●逸脱した人間中心の自然理解

人間のための自然(193)　　西洋思想がはらむ共生の思想(194)

4 共生の思想 ………………………………………… 195
●育成されるべき市民意識

エコロジカルな視点(195)　　エコロジーの神学(196)
自然権——物言わぬ自然の生存の権利(197)

5 仏教経済学 ………………………………………… 198
●非物質的な価値の尊重

シューマッハーの問題提起(198)　　真の豊かさとは(199)

6 自然との霊的結合 ………………………………… 200
●生命中心の自然理解

スピリチュアリティ(200)　　パン・エン・セイズム(202)

第10章　消費者の自由と責任　　205
対環境的に健全な社会を築くために

1 環境問題における個人の自由と責任 …………… 206
●自由社会にひそむ環境破壊の根

自由社会の問題点(206)　　「共有地の悲劇」の教訓(207)　　拡大生産者責任(209)

2 消費生活を制約する条件 …………………………… 211
●環境倫理のさまざまな立場から

未来世代に対する責任(211)　同時代の人々に対する責任(212)　自然物に対する責任(214)

3 大量消費生活の克服のために私たちは何をすべきか … 215
●対環境的に責任ある生活様式をめざして

「人並みの生活」は無責任！(215)　私たちのなすべき努力(219)

4 個人の自由の新しいあり方 …………………………… 221
●対環境的に健全な社会の具体像(221)

訣別すべき自由(221)　新たに手にする自由(223)

第11章　京都議定書と国際協力　　227
実効的なレジームの構築へ向けて

1 地球温暖化問題 ………………………………………… 228
●国際協力が必要な理由

地球温暖化問題とは何か(228)　なぜ国際協力が必要なのか(230)

2 地球温暖化レジーム …………………………………… 232
●気候変動枠組条約と京都議定書

枠組条約方式(232)　京都議定書の概要(234)　京都議定書の問題(236)

3 大量排出国の行方 ……………………………………… 238
●途　上　国

途上国から「排出先進国」へ(238)　「共通だが差異ある責任」の解釈(239)　「原因者負担原則」の適用(240)　未来への責任・過去への責任(242)

4 大量排出国の行方 …………………………………… 242
●アメリカ

京都議定書からの離脱とその復帰の可能性(242)　地方レベルのダイナミズム(244)　地方レベルでの動きが地球温暖化レジームへ及ぼすインパクト(247)

5 おわりに ……………………………………………… 249
●虚焦点と砂上の楼閣

第12章　環境と平和　255
戦争と環境破壊の悪循環

1 近代と戦争 ……………………………………………… 256
●植民地獲得

第一次・第二次世界大戦(257)　冷戦下の平和：第二次世界大戦後の世界(259)

2 戦争と環境破壊 ………………………………………… 261
●近代兵器

核の冬(262)　ベトナム戦争における枯葉剤使用(263)　ダイオキシン(264)　湾岸戦争における環境破壊(265)　劣化ウラン弾(266)

3 環境破壊と戦争 ………………………………………… 268
●人口戦争と地球温暖化戦争

エルサルバドルの人口戦争(269)　ペンタゴン・レポ

ート（272）　　結論に代えて（273）

事項索引 —— 275
人名索引 —— 282

● Column ●

熊沢蕃山と安藤昌益 …………………………………… 14

ハンス・ヨナス ………………………………………… 64

レイチェル・カーソン ………………………………… 88

エマソンとソローと自然の教育 ……………………… 159

ジョン・ミューア ……………………………………… 184

環境芸術は自然の治癒をめざす ……………………… 203

本書のコピー、スキャン、デジタル化等の無断複製は著作権法上での例外を除き禁じられています。本書を代行業者等の第三者に依頼してスキャンやデジタル化することは、たとえ個人や家庭内での利用でも著作権法違反です。

第1章 環境問題を倫理学で解決できるだろうか

未来にかかわる地球規模の正義

本章のサマリー

①環境問題は，「コレラの予防」のように限定された条件のなかで解決できない。したがって環境に悪いことをすると特定の人々の損になるような仕組み（sanction）をつくって予防することも難しい。そのため「公害」として公共政策によって総合的に対処されることが多い。②環境問題では，原因を除去して結果の発生を未然に予防するという対処が不可能な場合が多い。そのためさまざまなリスクを共通の尺度で数値的に評価して最小限のリスクを選ぶという対処の方法が開発されている。③現代の技術は，自然法則の基本枠を自分でつきやぶるような性格をもっていて，古い意味での自然の秩序の枠には収まらない。自然そのものが不可逆性をもっているために一度破壊した自然を復元することは不可能である。④環境倫理学は，地球の有限性，世代間倫理，生物保護という三つの主張を掲げているが，そのどれもが従来の倫理や法の枠を超えている。

本章で学ぶキーワード

四大公害訴訟　豊島事件　予防原則　損失余命　QALY (quality-adjusted life-years；質調整生存年)　トラベル・コスト法　ガイア　絶滅　地球の有限性　世代間倫理　生物種保護　手段的な価値 (instrumental value)　内在的な価値 (intrinsic value)　NGO　ISO（国際標準化機構）

1 環境問題と公害

●環境問題の多様性

　環境問題は，直接的な現象としては，①生物種の減少，②資源の枯渇，③生態系の劣悪化（環境汚染），④廃棄物の累積と分類できる。環境問題の解決というのは，①原因となる行為が行われないようにする予防策と，②すでに排出されてしまった環境汚染物質を除去などして環境を改善する改善策とがあるが，①絶滅した生物種の復元，②減少した資源の量的な回復，③劣悪化した生態系の改善，④累積した廃棄物の回収・再利用は不可能である場合が多い。また廃棄物の再利用の場合，再利用のために新たにエネルギーを投下する結果，再利用によって資源の減少と別の廃棄物の累積が生じる可能性もある。したがって，環境問題の解決は，原因となる行為が行われないようにする予防策が圧倒的に重要である。

　環境問題は，しばしば「公害」という概念と重なり合っている。「公害」という言葉は，明治時代に河川法など（大阪府令）で「公益」の反対概念として使われていたが，大正の初めには，水質汚濁，騒音，悪臭，振動，地盤沈下，土壌汚染など「公衆」の受ける衛生上の被害という意味で用いられ，1960年に四日市市の大気汚染で病人が出たことから「公害」問題として一般的に知られるようになった。

　1967年（70年改定）の「公害対策基本法」では，人為的で広範囲の被害を公害とみなして，大気汚染，水質汚濁，騒音，悪臭，振動，地盤沈下，土壌汚染を典型7公害と呼んでいる。発生源が不特定多数で因果関係が不明確（原因の公共性）であり，被害が広範囲（被害

の公共性)で，公共政策による解決(対策の公共性)が求められるものが「公害」と呼ばれた。

これに対して1967〜69年に提訴された「**四大公害訴訟**」といわれる，水俣病，新潟水俣病，四日市喘息，イタイイタイ病の場合には，特定企業の事業活動による，特定地域の広範囲の健康被害をさして「公害」という言葉が使われている。1990年代に「公害・生活環境問題から地球環境問題への転換」という標語が使われるが，この標語は，水俣病から地球温暖化問題へと環境問題の焦点が移っていったことを示している。この場合には「公害」とは，特定企業の事業活動による，不特定多数の広範囲な住民への健康被害をさしている。

また環境破壊の原因は私企業にあるが，公共機関が十分な監視を怠ったために，汚染の規模がその私企業では収拾不可能になってしまったので，公共事業として救済策を立てなければならなくなった事例(香川県**豊島事件**)もある。

「公害」という言葉は，法律や行政の世界と，環境保護運動やジャーナリズムの世界とで，まったく反対の意味で使われることがある(第5章を参照)。

2 予防原則とリスク・コミュニケーション
●**未然防止と最悪事態の回避**

予防原則

予防策を立てるときに，原因となる行為を特定し，因果関係を明らかにして，結果の発生を防止するわけである。しかし，地球の温暖化というような複雑な因果関係が絡み合っている出来事では，予防効果を判定するこ

とができない。そこで「因果関係がはっきりするまでは予防策を控えよう」というのが、私たちの日常生活のなかで採用される方針である。たとえば「病気の原因がはっきりするまで様子をみる」ということはよくある。これに対して「因果関係がはっきりしないという理由で対策を遅らせてはならない。島国の水没というような悪い結果が出てから対応するのではなく先手をうつべきだ」という考え方が「**予防原則**」（precautionary principle）として提唱されている。

「原因となるガスの排出を抑制して地球温暖化を防止しよう」という意思決定は予防原則に一致している。ところが未然防止が事実上不可能である場合はたくさんある。たとえば特定の化学物質を環境から排除しようとしても通常は不可能である。予防（precaution）という言葉は、未然防止（prevention）と最悪の結果を避けること等の用心（awareness）の両方の意味を含んでいる。

リスク評価

「リスクゼロがありえない」ことの有力な傍証は、「すべての鉱物資料がすべての元素を含んでいる」という、ノダック（Waller Noddack, 1893～1960年）が1932年に示した「元素普存則」である。リスクゼロがありえない以上、リスクに対する基本的な原則は「相対的に低いリスクを選択せよ」ということになる。

相対的に低いリスクを選択するためには、リスクを比較可能な形にして数値で表現しなくてはならない。私たちは「何もしない」という選択をゼロ円のコストと評価して、電話をかけて助けを呼ぶという行為には少なくとも電話代がかかると評価する。しかし、リスク対リスクという関係では、何もしないということは「何もしない」という選択肢を選ぶことであり、「何もしない」場合のリスク

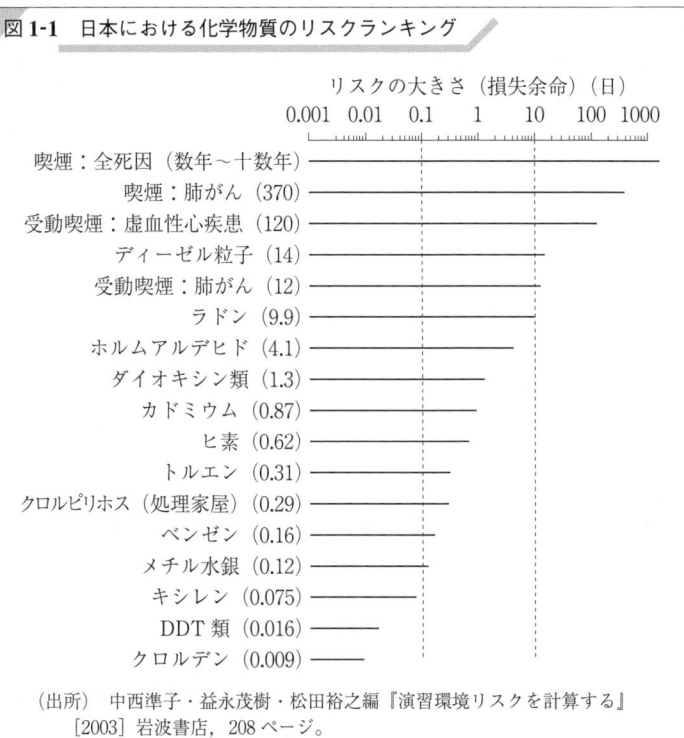

図1-1 日本における化学物質のリスクランキング

(出所) 中西準子・益永茂樹・松田裕之編『演習環境リスクを計算する』[2003] 岩波書店, 208ページ。

とコストを引き受けることを意味する。するとリスク対リスクという関係では決定を回避することが原則として不可能である。

複数のリスク評価を客観的に比較衡量するためには, 異なる種類のリスクが同じ尺度で数量化されなくてはならない。このリスクの科学的, 客観的評価について最も徹底した立場をとろうとするのが, 中西準子の「環境リスク論」である。中西は, 死の確率＝**損失余命**を基準にすることを提案している (中西［2004］127ページ)。

人体に有害な物質のリスクを比較可能にするために損失余命を基

準とすることは適切な選択であろう。

中西準子などの作成したリスクランキングを見ると（図1-1），タバコでは数年から数十年寿命が短くなるが，ダイオキシン類では1.3日にすぎない。ただし，通常の場合には，死亡のリスクが高いことは生命の質（QOL）が低いことを意味し，リスクが低ければ生命の質が高いことを意味する。しかし，「死ぬことができないから，なおさらつらい」という病状も確かに存在する。損失余命だけではすべてのQOLのランキングをカバーすることはできない。

QOLの評価を導入した評価システムとしては，イギリスで使われている **QALY**（quality-adjusted life-years；質調整生存年）という評価方法がある。治療方法の違いを数字で表現し，その治療によって得られる延命の年数を掛ける。たとえば「病院での透析＝0.62」「在宅透析＝0.48」のように数値を決める。治療によるQOLの付加価値を数量化するための制度である。これだと一点の利益をとるのに必要な金銭を算出することもできる。

環境の状態の評価方法としては，**トラベル・コスト法**（travel cost approach；「どのくらい旅費を出す気になるか」というアンケートで決定する）とか，ヘドニック法（hedonic approach；さまざまな快楽の集まりとして物の価値を決定する方法。たとえば土地を主要路線との距離，教育環境，自然環境などの潜在的な価値から算出する）とか，さまざまの数量的な比較法が開発されている。

質的に異なったリスク間の比較が可能かどうかという問題を，比較すべきすべてのリスクが死亡のリスクを含んでいるという事実に対応づけて解決するというのが，中西の損失余命の方法である。この方法が厳密性を満たすかどうかという問題よりも，私たちが決定を回避できないという条件があるので，どんなに不十分な近似でも，

まったく比較可能性がないよりはいいということが重要である。

地球の温暖化によって自分の国土が水没するというリスクの場合、どれほどコストがかかっても国土の水没を未然防止したいと思うだろう。しかし、温暖化の原因となるガスを排出するかしないか、どれだけ排出するかの決定は、先進国の判断で決められてしまう。すると、「リスクを十分に理解して最小限のリスクを選択しなさい」という原則が使える範囲は、リスクの発生について自分の判断で決められ、なおかつ、どちらのリスクを選んでも致命的ではないという条件が成り立つ場合に限られるだろう。地球の温暖化を未然に防止するコストよりも、温暖化の悪影響を少なくするようにするコストの方が少ないという指摘（B. ロンボルク〔山形浩生訳〕[2003]『環境危機をあおってはいけない』文藝春秋）についても考えてみよう。

3 自然の歴史性

●自然を守れという判断の根拠

自然の法則と技術——
自然主義の限界

技術そのものが狭い意味での自然の法則を破棄するようになってきている。核エネルギーの開発、遺伝子操作、臓器移植医療での免疫抑制剤の使用、温暖化による地球生態系（**ガイア**：温度の自己調整の力をもつものとみなした地球）の破壊は、自然界の全く別々のレベルで本来の自然が自己同一性を維持する機能を破壊することで成り立つ技術である。素朴な言い方をすれば、神様が「人間よ、この限界を守れば、自然界のバランスそのものは私が保障する」と述べていた限界、すなわち、①原子の自己同一性、②遺伝子の自己同一性、③生物個体の自己同一性、④地球生態系の自己同一性を形づ

くる生命体としての熱平衡維持機能を，人間の技術が破壊している。

自然に永遠なし？

自然のなかには永遠の秩序があるという考え方が，自然主義の根底にある。自然を守れ，自然の種を保存せよという主張の背後にも，しばしば自然のなかにある永遠の理法は神の手になる作品であるという考え方が働いている。しかし，自然そのものが根本的に歴史的な性格をもつという発見が，1953年のガモフ（G. Gamow, 1904～68年）によるビッグバン仮説以来，続いており，いまでは「自然に永遠なし」という根本原理が自然観の根底に置かれている。

たとえば森林の伐採が砂漠化の原因であるとする。森林を取り戻すと砂漠が元の緑地に戻るかといえば必ずしもそうではない。自然の生命には，後戻りの利かない反応がたくさん仕組まれていて，「元に戻す」ことが原理的に不可能なのである。ということは，一度破壊した生態系は，厳密な意味では復元できないということである。

たとえば絶滅した生物を復元することはできない。すると，こういう疑問が出てくる。地上に生まれた過去のすべての種の99％が絶滅の歴史に巻き込まれている以上，鯨が絶滅するとか，ヤンバルクイナが絶滅するということを心配するのは，一種のセンチメンタリズムにすぎないのではないかという疑問である。

ジェイ・グールド（S. J. Gould）がこの疑問に答えている。「いずれ死滅するのだから，アカリスは死ぬにまかせようという主張は，人間にとって死は避けがたいことなのだから，たやすく治療できる子どもの病気でも治療せずにほっておこうと主張するに等しい」（渡辺政隆訳［1996］『八匹の子豚』上，早川書房，64ページ）。

1000万年という時間の尺度で生ずる絶滅の物語と，森林を切り出して畑や道路にするという数十年単位で引き起こされる絶滅を混同してはならない。

　自然を守るということは，自然のなかに永遠の理法が存在するからそれを守るのではない。私たちは自然の理法だと思われていた，①原子の自己同一性，②遺伝子の自己同一性，③生物個体の自己同一性，④地球生態系の自己同一性を形づくる生命体としての熱平衡維持機能を破壊することができる。その破壊の技術を制限して，自然と人間にとって最善の生態系を保持する根拠は，「それがよりよい」と認識する人間の判断にある。しかし，この判断は，私たちが従来「良い」とか「悪い」とか判断してきた枠組みそのものをはみ出している。

4 環境倫理学の三つの主張
　●地球の有限性，世代間倫理，生物保護

　環境倫理学の主張は，①地球の生態系という有限空間では，原則としてすべての行為は他者への危害の可能性をもつので，倫理的統制のもとにおかれ（**地球の有限性**），②未来の世代の生存条件を保証するという責任が現在の世代にある以上（**世代間倫理**），③資源，環境，生物種，生態系など未来世代の利害に関係するものについては，人間は自己の現在の生活を犠牲にしても，保存の完全義務を負う（**生物種保護**）ということである。

　地球の有限性　　第一の条項に従えば，個人や国家の個別的な利益よりも，地球全体の利益が優先する。

地球は有限だから、石油を掘り出せばその穴埋めの費用を炭素税として払うべきであり、大気圏にガスを廃棄するにも共益費を払うべきだという主張が出てくる。いままで無料であることが当然であった埋蔵資源と大気圏という廃棄物の投棄場所が有料になる。つまり、経済の外部にあったものが、経済に内部化される。これを「外部不経済の内部化」と呼ぶ。しかし、この有限性の主張は、同時に環境全体主義（エコファシズム）の成立の可能性をはらんでいるかもしれない。たとえば煙突の煙は無料で大気の中に棄てることができるという自由が制限されることになる。

世代間倫理

第二の視点からすると、環境問題というのは、現在の世代が加害者になって、未来の世代が被害者になる犯罪である。被害者は、地球の大気圏が汚染されても、核廃棄物を残されても、石油・石炭を使わなければ動かない機械を山ほどつくって、肝心の地下の石油・石炭を空っぽにされても、なに一つ文句はいえない。

地球の生態系が35億年かかってため込んできた太陽エネルギーの塊が、石油・石炭である。それをわずか数百年の世代が、近代化だとか、工業社会だとか、勝手な理屈をつけて、全部使いきってしまうなんていうエゴイズムは許されない。

原子力エネルギーについていえば、そのエネルギーを使って繁栄を楽しむのが現在の世代であり、その廃棄物の管理を1000年以上にわたってゆだねられるのが未来の世代である。この世代間関係が「正しい」関係といえるかどうかは、大きな問題である。「その未来の世代もまた次の未来の世代に廃棄物の管理責任を転嫁するのだから、私たちのつくる廃棄物については次の未来の世代が同意するだ

ろうから，正当である」とはいえないだろう。

生物保護

第三の生物の保護というスローガンで，①「生物の人格としての生存権を認めよ」，②「生物種の保護義務を人間が負うべきだ」，③「動物の虐待を禁止せよ」，④「知能の高い動物を人間と同様に扱え」という本質的には違った次元にある主張が混ざったままで語られている。

自然の価値についても，**手段的な価値**（instrumental value）から**内在的な価値**（intrinsic value）への転換が生じるかどうかということが，現代文化を考えるうえでの基本的な問題となる。いま，自然の擁護論を展開する人は，しばしば「人間以外の生物の生存が脅かされるならば，それは必ずや人間の生存条件もまた脅かされているはずだから，自然保護は人間保護に有用だ」という有用論（カナリヤ主義）を展開せざるをえない。これは自然を守ることは人間の健康（QOL）を守る手段であるということに帰着せざるをえない。また，現在使用されていない生物も将来の人間にとっては有用になるかもしれないから，保護すべきだという「将来の利用のための保護」論もまた，手段的な価値の視点に立っている。また，「知能の高い生物は人間に近いので保護すべきだ」という人間中心主義からする自然保護論もある。

これらに対して，自然の美しさ，荘厳，生命の尊厳のように，手段とならない価値を内在的な価値という。

生物種を保護する二つの立場がある。

A. たとえ現在では有害であるように見える生物（コレラ菌）でも，医療用に使われる可能性があるから，人間のための現在と将来の利用のために，すべての生物種は保護されなければならない。

B. あらゆる生物種は、人間のための利用という観点からではなしに、生命の尊厳という観点から保護されなくてはならない。

この二つの考え方は、すべての生物種の保護という結論では、一致している（第2章、第6章を参照）。

環境倫理学の立場

第一の主張（有限主義）は、近代の経済体制によっては正当化されない。なぜなら環境倫理学は、金銭による価値がない埋蔵資源や、大気圏の価値を重視しているからである。第二の主張（世代間倫理）は、近代の政治体制によっては無効だと決めつけられてしまう。なぜなら、まだ生まれていない人々（未来世代）の投票権を民主主義は認めないし、近代社会では同世代の人々の合意が最終的な決定権をもっているからである。第三の主張（生物の権利）は、近代の法体系からみればまったく荒唐無稽な主張としてしか受け取られない。なぜなら法体系は、ヒトである人格とその拡張された概念である法人の所有権を保護する体系であって、生物は人類の公共財として認められる場合でも、人間の所有するモノという資格しか与えられないからである。

環境倫理学は、従来の倫理的な枠組みを正しく解釈すれば、環境保護が正当化されるという主張をしているのではなくて、近代の政治・経済・法律を最大限守ったとしても環境保護のためには不十分であるという主張をしている。だから、「大気圏への廃棄物の投棄を有料化せよという主張は不合理だ」とか、「現在の世代の未来の世代への責任という概念は成立しない」とか、「人間以外の生物の権利を認めるべきでない」といった主張を、既成の経済学的、政治学的、法律学的前提にもとづいて正当化しようと思えば立派に正当化できる。「環境倫理学は間違いだ」と主張する人がいたら、その

根拠を尋ねてみればよい。そしてその根拠となる考え方，すなわち外部経済の無視，同世代合意の有効性，権利主体は人間という前提そのものをくつがえす必要がないかどうかを問い返さなくてはならない。

資源の有限性と自由・平等

自由な選択ができるためには，ある程度以上の豊かさが必要である。10人の人間が共同生活をしているとする。4種類の食べ物があり，すべての人が同じだけの選択肢から選択する完全に平等な自由を実現するためには，40人分の食糧が必要になる。すると，10人の人に対して40人分の食糧が提供されるという条件が，自由な選択の成立する条件だということになる。

誰もが自分の食べる量を20％減らすことができるなら，公正な配分が可能であるための最低量は，10人に対して8人分の食糧である。このような可能性を考えると，今夜のディナーはチキンにするかフォアグラにするかという贅沢品選好と，生き残るために食糧を選ぶか医薬品を選ぶかという必需品の選好を区別する必要が出てくる。「効用とは財・サービスの消費から得る主観的・心理的満足である」という近代経済学の「効用の定義」は，曲がりなりにも最低生活の保証が維持できている自由市場社会でしか使えないだろう。

環境的正義と囚人のジレンマ

良心的なA社が，たとえばペットボトルの廃棄のコストを自分で負担するなら，税金を使った回収にただ乗り（free riding）をするB社との競争に負けてしまう。だから，誰も自分から進んで「ただ乗りはやめます」とは言い出せない。結局，自由競争の社

Column　熊沢蕃山と安藤昌益

　熊沢蕃山（1619〜91年）は，岡山の池田光政に仕え，災害対策などで成果をあげたが，災害を受けた農民の保護政策に腕をふるっただけではない。災害の原因となった森林の荒廃に目を向け，朱子学，陽明学の思想から，自然保護の原理を導き出している。「山川は国の基本である（山川は国の本なり）。昔から，乱世となり，100年も200年も戦国で人が多く死に，兵隊の扶持米が不足すると，勢いにまかせて発揮される力もなくなって，材木・薪をとることも際だって少なくなり，お寺を作ることもできない間に，山々がもとのように茂り，川が深くなるといわれてきた。乱世をまたず，正しい政策によって山が茂り，川が深くなることはできないだろうか」（『大学或問』）。

　安藤昌益（生没年不詳，1703〜62年と推測）は，農業を重視する，肉食を禁止する，医療では自然治癒を旨とする，人間の平等を説く，などルソーと共通点がある。昌益は，貴賤・男女の差別をなくし，万民が直耕（直接の耕作）するユートピアを描いたが，そこでは文字も学問も存在しない。医術は，米食して農耕しつつ自然治癒をまつという方式に変わる。徹底的な自然主義的生活が理想とされる。昌益の場合でも，基礎理論は根源となる一つのものが自己運動的に展開していって万物となるという朱子学型の思想である。ただし，昌益は先行のあらゆる思想を批判して独自の展開方式を編み出している。この自然の営みにあわせて生きることが正しい生き方になる。

　個的な自然と全自然が同じ形をしているという思想は，西洋ではミクロ–マクロ・コスモスの思想というかたちをとる。この思想は西洋ではロマン派の衰退とともに近代科学にとって代わられたが，そこに含まれる自然との存在の絆は，現代でも有効な思想的拠点になるのではないだろうか。

会には正直者が損をするという構造があって，競争の結果，参加メンバーの全員がただ乗りをする結果になる。

　競争するA社とB社のうち廃棄物ゼロを先に達成したどちらかのほうが競争に負けて倒産すると仮定する。両者が完全に同時に達成するのでないかぎり，永久に廃棄物ゼロは達成されないだろう。しかし，両者が同時にやろうと話し合っているとき，A社がB社

をだまして先にB社にやらせればA社は市場を独占することができる。するとA社とB社が話し合いで同時に廃棄物ゼロを達成することは、駱駝が針の穴を通るほど難しいということになるだろう。当事者同士の合意によって、両方の当事者にとって最善の結果に達することが困難であるということは、「囚人のジレンマ」というモデルで説明されている。

現実の世界はまさにこのような構造になっている。解決の道は、第一に第三者の勢力が強くなって、A社もB社も無視できなくなること、第二に廃棄物ゼロに至る公正なプログラムを第三者が設計して、AB両者にそれを守ることが倒産にならないという保証をすることである。

現在、この第三の勢力を形づくっているのは、世界の環境を守れ、自然を大切にしようという世論である。そして公正なプログラムを提示する役目を果たそうとしているのは、国連や各国政府などの公共の機関だけではない。NGO（非営利団体）やISO（International Organization for Standardization の略称。日本語では国際標準化機構。略称を IOS ではなくて、ISO とした理由は、ギリシャ語で iso が「等しい、単一の」という意味をもつことによる。1947 年に発足、イギリスに本部を置く）も有効な役割を果たしている。

ライバル関係にあるA社とB社が、ともに工業製品の品質規格について「自社の製品の品質を高くして売り上げを伸ばしたい、と同時に、コストが高くなって価格が高くなると売り上げが伸びない」という姿勢をもっていたとする。両者がそれぞれ相手を出し抜いて競争に勝とうと努力すると、共倒れになる危険がある。ISO はスイスに本部を置く民間企業であるが、品質管理能力に関する国際規格（ISO 9000 series）を作成している。ISO の認可を受けた監査会

社は，A社B社に有料で監査を行い,「認証取得」を得させる。環境管理システムに関する規格（ISO 14000 series）を取得する企業が日本では急増している。企業側にとっては，企業の社会的格付けが高くなる，コスト削減につながるという利益がある。

演習問題

1. 環境問題を市場経済方式で解決しようとすると，どういう問題点が生ずるか，考えてみよう。
2. 世界の一人当たりの穀物生産量は1984年以来減少しつづけているが，基本的にどのような対策が考えられるだろうか。
3. 大気圏に大量の炭酸ガスが蓄積されたのは主として先進国が責任を負うべきだという考えに賛成できるか，議論してみよう。
4. 「人間にとって有害な生物も保護すべきである」という主張が正しいかどうか，考えてみよう。

★ 参考文献

中西準子［2004］『環境リスク学』日本評論社。
加藤尚武［1991］『環境倫理学のすすめ』丸善ライブラリー。
D. H. メドウズほか（大来佐武郎監訳）［1972］『成長の限界』ダイヤモンド社。
L. プリングル（田邉治子訳）［1995］『動物に権利はあるか』NHK出版。
M. F. Drummondほか（久繁哲徳・岡敏弘監訳）［2003］『保健医療の経済的評価』じほう。
P. シンガー『グローバリゼーションの倫理学』（山内友三郎・樫則章監訳）［2005］昭和堂。

第2章 人間中心主義と人間非中心主義との不毛な対立

実践的公共哲学としての環境倫理学

本章のサマリー

　アメリカを中心とした英語圏で1970年頃から哲学者たちによって開始された環境倫理学の議論は，人間中心主義を拒絶して，人間非中心主義の価値論を探求することに努力を傾けてきた。道具的価値／内在的価値，個体主義／全体論主義，価値の主観主義／客観主義といった対立点をめぐる論争を重ねつつ，人間中心主義を克服して人間非中心主義の環境倫理を基礎づけることに努め，それによって環境倫理学の自立化を求めてきたのである。しかしそうした議論は，結局は，哲学者たちによる哲学者たちのための議論に閉塞し，現実の環境問題の理解と解決に実際的・実践的な寄与を果たさないことが，1990年に入る頃から批判されるようになった。環境正義の問題を取りあげることと，環境問題の多様で広範な論議と実践にコミットする環境プラグマティズムの多元論的姿勢から学ぶことが，今後の環境倫理学の展開にとって必要となるだろう。

本章で学ぶキーワード

人間中心主義　　人間非中心主義　　パトス中心主義　　生命中心主義　　生態系中心主義　　個体主義と全体論主義　　価値の主観主義と客観主義　　環境正義　　環境プラグマティズム　　道徳上の一元論と多元論　　里山の環境倫理

1 環境倫理学は何をしてきたのか？

●議論の出発点

何のための環境倫理学か？

現代は、社会が環境に対してどのような態度・姿勢で臨むのかによって、社会そのもの存続が左右されてしまうという、そういう時代である。国が世界に向けてどのような環境外交を展開するのか、国会がどのような環境関連の立法を行うのか、政府や地方行政がどのような環境政策を実施するのか――それらによって、社会の存続が左右されてしまうのが、現代という時代なのである。それ故、市民は主権者として環境政策の決定に対して責任がある。つまり、私たち一人ひとりが、環境に配慮する生き方を求め、環境に配慮する政策決定に責任をもたなければならない。私たち一人ひとりが、環境に配慮する生き方と社会のあり方とを考えることの大切さを知り、持続可能な社会（sustainable society）を追求するために、私たちは環境倫理学を学ぶのである。

倫理学とは何か？

そもそも倫理学とは何だろうか。「倫理学」という言葉は、英語の ethics の訳語だが、ethics は「倫理学」と訳すべき場合と「倫理」と訳したほうがよい場合がある。つまり、ethics は文脈次第で、「倫理学」であったり「倫理」であったりするのだ。

これはもともと ethics の語源であるギリシア語が、風俗習慣・慣習・人柄を意味するエートス（ēthos）に関わった事柄をあらわしていたからである。つまり、エートスに関わった問題群そのもの

がethicsだし,それと同時に,その問題群を取りあげ,反省し,自覚し,考察することがethicsだからである。一定の共同体で当たり前の仕方で働いていた掟や慣習は,その自明性が動揺すると,反省され,自覚されることによって,はっきりと掟や慣習として捉えられる。ethicsという言葉の両義性には,この自明性とその動揺というダイナミックな関係が反映している。つまり,「倫理」の自明性は時として問題化し,さらに反省されることによって自覚的なテーマとなり,「倫理学」となる。倫理学とは,倫理についての哲学的反省であり,倫理についての哲学である。

　倫理が明確な形で哲学的反省の対象になり,哲学として倫理がテーマになるとき,つまり哲学的な倫理学が探究されるとき,さらに三つの方向に分かれる。第一に,倫理上の規範を打ち立てる規範倫理学,第二に,一定の共同体における倫理をそのまま記述する記述倫理学,第三に,倫理学上の概念や命題や原理原則そのもののあり方を哲学的に分析するメタ倫理学である。

人間中心主義批判からの出発

　環境倫理学(environmental ethics)も,現代世界において,環境に関わった「倫理」の自明性が動揺し,反省されることによって始まった。1960年代に入って,先進諸国で環境問題が目に見える形ではっきりしてきたとき,環境問題を引き起こす元凶として,まず,西洋キリスト教文明が批判されるようになった。リン・ホワイト・Jr.(Lynn White, Jr.)が『サイエンス』誌155号(1967年3月)に掲載した論文「現在の生態学的危機の歴史的根源」が有名である。中世ヨーロッパの技術史が専門である歴史家ホワイトは,現代の科学と技術が「人と自然との関係にたいするキリスト教的な態

度から成長してきた」と考え，しかも「キリスト教の，とくにその西方的な形式は，世界がこれまでに知っているなかでも最も人間中心主義的な宗教 (the most anthropocentric religion) である」と見る（ホワイト [1972]）。キリスト教に従えば，「神の似像」としての人間には最初から特権的な身分が保証されているのであって，人間以外のあらゆる被造物（神によって創造されたもの）は，人間が生き，発展することに仕えるためにのみ存在する。キリスト教によって人間と自然の二元論が打ち立てられ，同時に，人間が自分のために自然を利用し，搾取することが神の意志であると主張された，というわけである。ホワイト自身はさらに，「人間をも含むすべての被造物の平等性」を主張したアシジの聖フランシスを「もう一つ別のキリスト教的見解」を示した者として評価し，「正統キリスト教の自然にたいする尊大さ」を克服する可能性を，そこに見たのである。

ホワイトの議論をめぐっていろいろと論争が起こった。ホワイトのキリスト教解釈は妥当かどうかが論じられたし，そもそも生態学的な危機・環境問題の原因を，宗教的な思想に求めることができるかどうかが問題である。しかし，少なくとも，人間の利益のために自然を利用する・使用するという，近代社会のなかで自明だった自然に対する「態度」が動揺し，反省を加えられ始めたことだけは確かであった。

つまり，自然環境が破壊され，生態系の危機状況が発生してきたのは，人間が自分たちの利益だけを考えて自然を支配し，利用することで近代文明を築いてきた結果であって，環境問題は，こうした西欧文明の根っこにある**人間中心主義** (anthropocentrism) の態度を克服しなければ解決されないだろう，という見方がいろいろと提出されたのである。近代以後の倫理も，人間と人間との関係にのみ集

中しているかぎり、人間中心主義にほかならない。いま必要なのは、人間と自然との新たな倫理的関係であり、新しい「環境倫理」だ、と哲学者たちは考え、人間中心主義を克服する環境倫理が探求された。

これに対して、オーストラリアの哲学者パスモア（John Passmore）は『自然に対する人間の責任』（1974年）を著し、はっきりと人間中心主義の立場に立った。パスモアのこの本は、一冊の書物として体系的に環境倫理学を論じた最初のものであるが、彼は、西洋の倫理的伝統それ自身がもっている多様性と柔軟性を積極的に評価し、その伝統のなかに環境問題に対処する十分な可能性があることを強調した。つまり、「完全に新しい環境倫理」といったものは必要ない、と主張したのである。

パスモアのこの主張は、その後の環境倫理学の方向をかなりの程度規定するものとなった。というのは、少なくとも英語圏（アメリカ、イギリス、オーストラリア）において、哲学者たちによる環境倫理学の議論は、おおむね人間中心主義とそれを克服する**人間非中心主義**との論戦として争われることになったからである。そして、むしろ多くの哲学者たちはパスモアに反対して、人間中心主義を克服する新しい環境倫理を基礎づけることに努力を傾けていった。

2 人間中心主義克服の諸方向
●自然の価値論の展開

自然の価値論

nonanthropocentrism（non 非 + anthropo 人間 + centrism 中心主義）をいま「人間非中心主義」と訳した。人間を中心に据えない態度であり、振る舞いであるという意味で「人間非中心主義」だが、人間以外のものを中

心に置くという積極的な意味ももっている。その意味では「非人間中心主義」と訳してもよいが、日本語としては変なので「人間非中心主義」としておく。

人間非中心主義というのは、動物やその他の自然物や自然全体にそれ自身の価値もしくは権利を認めようとする考え方である。そう考えることができたならば、環境（自然環境）の尊重やそれに対する義務は、他の人間に対する配慮や義務から派生してくる間接的なものではなくて、直接、自然そのものの価値や権利に対応するものになる。したがって人間非中心主義というのは、道徳的価値もしくは権利の根拠として人間を中心に据えるのではなくて、自然を中心に置くということだから、一言でいえば、自然中心主義（physiocentrism）である。

そこで、この意味での環境倫理学は、自然そのものの価値や権利をどのようにして認めることができるのか、どのように基礎づけることができるかをめぐって、熱心に議論してきた。「基礎づける」というのは、ここでは、自然そのものに「価値がある」と主張する根拠・理由をあげて、その根拠・理由の正当性を誰にでも納得のいくように論証することである。

自然が資源として有用・有益であることは、昔も今も変わらない。何かが一定の目的のために使用されることによって価値があるという場合の価値を、「道具的価値」（instrumental value）という。自然が道具的価値をもっていることは、誰も否定しない。しかし、問題は自然を道具的価値としてしか見てこなかった点にあるのだから、道具的価値とは異なった、自然の「内在的価値」（intrinsic value）を明らかにしなければならない。何かのためによいものではなくて、それ自体でその存在自身のゆえに価値あるものと見られるとき、そ

れは「内在的価値」をもつ，といわれる。

　内在的価値をもつものは，そのまま存在の権利をもつ，と考えなければならないかどうかは問題である。また，「権利」(rights) の概念は時代とともに拡張されてきたのであり，今や動物や自然物や生態系にまで拡張される必然性があるのだ，という主張もなされたが，医療倫理学上の議論に見られるように，権利の範囲が場合によってはむしろ縮小される傾向もあるのであって，権利拡張の歴史的必然性というのは単純には承認できない。さらに，法律的な権利の概念ならば，「自然の権利」訴訟のような一種の代理訴訟の新しい手法を開発する場面で利用できるように，動物や自然物の「権利」を法的手続きの便宜として認めることも可能である。しかし，道徳上の概念としての「権利」を人間以外にまで拡張することに対しては，大変抵抗が大きい。道徳的権利を認めるためにも，まず内在的価値の存在を認める必要があるし，道徳的権利を認めないとしても，内在的価値の存在を認めることができれば，そのものへの尊重の義務は発生すると考えられる。だから「権利」概念の拡張ということを一応棚上げにして，価値の問題に集中すべきである。

　実際，これまでの環境倫理学の議論は，主として「自然の価値論」を論じてきたといえる。つまり，自然そのものの価値の存在を論証する議論を闘わせてきたのであり，その論証に欠陥があるとか，暗黙の前提があって論証として成り立っていないとか，いろいろの批判とそれに対する応酬とが，主としてこれまでの環境倫理学の議論を形づくってきた。すなわち，環境倫理学において倫理の対象になるべき「道徳的資格」(moral standing) をもつべき存在者をどのように規定し，定義するか，という問題が支配的だったのである。だからこうした議論は，メタ倫理学上の議論だったということがで

きる。この点が，医療倫理学やビジネス倫理学などの応用倫理学の他の分野と大きく異なった，環境倫理学の特殊事情だった。

さて，自然そのものの価値の存在を証明することができれば，人間にとって有用・有益であるという意味で，自然を間接的に倫理的考慮の対象にするのではなくて，直接，倫理的考慮の対象にすることが可能であろう。そこでまず，倫理的考慮の対象の範囲が，人間を超えて，人間以外の自然にまで拡張されるべきことが論じられる。この場合，候補にあがる人間以外の自然の範囲に関わって，三つの立場を区別することができる。すなわち，パトス中心主義，生命中心主義，生態系中心主義である。

> パトス中心主義あるいは動物解放論

パトス中心主義（pathocentrism）という場合の「パトス」とは，感覚や感受能力のことであり，特に痛感が重要だから，痛感中心主義と呼んでもよい（実際には，「感覚主義 sentientism」という言葉がよく用いられる）。この考え方によれば，人間が苦痛を感じるのと同じように痛みを感じる動物がいるのだから，苦痛を感じることのできる動物たちも，人間と同じく内在的価値をもっており，人間と等しく倫理的配慮の対象にしなければならない。つまり，苦痛から解放されたいという利害関心をもっているという点で，人間と動物とを区別する道徳的な理由はまったくなく，むしろそのような区別をすること自体，道徳的に許されないことだと主張される。

この立場は，ベンサム（J. Bentham）のような古典的功利主義者やそれに影響された動物愛護運動に見られるし，シンガー（Peter Singer）の動物解放論がその現代版である。シンガーは特に医学や化粧品開発のための動物実験や工場制の畜産を批判し，動物解放の

運動にきっかけを与えた。

> **生命中心主義**

生命中心主義（biocentrism）は，感覚能力の有無を問題にすることなく，あらゆる生命体，生きとし生けるものすべてを倫理的考慮の対象にすべきことを主張する。この立場は，生物それ自身が固有の価値（inherent worth）をもっていると考える。つまり，すべての生命体にとって「よい」ことがあるのであって，それは良好な生活を送るということ，すなわち，幸福であることだ。ここで「幸福」というのは，アリストテレス的な意味であって，それが何のために「よい」のかをもはや問うことが意味をなさない状態，すべての努力が最終的にそれを目指している状態，ということである。すると，感覚能力の有無とは独立に，あらゆる生きものについて，幸福な状態であるとか，不幸な状態である，ということが無意味ではないだろう。あらゆる有機体の行動や内的活動は，それぞれの生命体の幸福の実現に向けられているという意味で，目的論的構造をもっている。それぞれの生命体がそれぞれの幸福を追求する可能性があることを認めることは，すべての生物が平等にそれぞれ自身の固有の価値をもっていると見ることだし，そのような見方に立てば，すべての生きものを「尊重する」という道徳的姿勢・態度が生じる，と考えられる。そこから，「自然への尊重」の態度が示されるような行為，つまり有機体や生物集団がその目的を実現するのを促進したり，妨害しないという行為を命じる義務が生まれる，と主張されるのである（ティラー［1995］）。

しかし，人間を特別扱いせず，あらゆる生物に等しい道徳的価値を認める，という厳格な平等主義に立つと，具体的な場面で義務が

対立しあうとき，それを整合的に解決することはほとんど不可能である。そこで登場するのが，絶対的な平等主義を排除して，価値の階層性を認める考え方である。つまり，すべての生物に道徳的配慮に値する資格を認めはするが，それぞれ異なった生物の道徳的重要性には，段階的な違いがある，と見るわけである。種々異なった生物の幸福には，それぞれの能力の実現に応じて，異なった度合いの内在的価値を認めるのである。

生態系中心主義――個体主義と全体論主義との論争

ここで問題になってくるのが，**個体主義**（individualism）と**全体論主義**（holism）との論争である。パトス中心主義は，それが動物を個体として倫理的に考慮すべきだというかぎり，環境倫理としてはきわめて不十分である。生態系（ecosystem），原生自然，生物多様性，絶滅危惧種といった，自然保護の重要課題となるものについて，それらが倫理的に考慮されなければならない理由をあげることに失敗するからである。実際，パトス中心主義ないしはその立場に立つ動物解放論は，環境倫理学の立場としては認められないとする哲学者も多い。

これに対して**生態系中心主義**（ecocentrism）は，生態学がもたらした生態系についての洞察，すなわち，あらゆるものは他のすべてのものとつながっているし，相互依存の関係にある，ということから，人間の倫理的行為の意味を引き出そうとする。つまり，個々の生物の幸福ではなくて，全体の良好さや健全さが道徳的価値をもっている，と考える。生態系という全体のなかでは，すべては同等であり，人間もそうした同等のものとして，全体の一部を成しているにすぎない。このように相互につながりあった全体を全体として見

る立場は、ホーリズム（holism＝全体論）と呼ばれる。政治学上の全体主義（totalitarianism）の概念と区別するために、環境倫理学の立場としては「全体論主義」と訳すことにする。しかし、全体論主義は、全体あっての個体だから、個体の存在より全体の存在のほうが優先されねばならず、場合によっては、全体の存在のためには個体（個人）が犠牲になっても仕方がない、という意味合いを含んでいるから、そうなると、全体論主義はそのまま全体主義である。現に全体論主義に対しては、「エコファシズム」「環境ファシズム」という非難がしばしばなされてきた。ここに個体主義と全体論主義の論争点がある。価値の階層性を認める生命中心主義には、この両者を架橋する可能性があると思われるが、この点の探求はさらに今後も論議されていくものと思われる。

価値の主観主義と客観主義

個体主義と全体論主義の論争とは別に、もう一つの論争点がある。**価値の主観主義**（subjectivism）と**客観主義**（objectivism）との対立である。全体論主義者は、生態系全体の価値を、何かほかのことにとって有益・有用だという意味での道具的価値ではなくて、そのもの自身のゆえにそれ自体で価値があるという意味で、内在的価値であると考える。哲学者のなかには、そうした価値は世界の客観的な性質なのだとする、価値の客観主義を主張する者がいる。その多くは、生命中心主義者と同様に、「目的」の概念に依拠する。生命中心主義者にとっては、個々の生きものがそれぞれ幸福を追求するということ、そのことは、それぞれにとっての善がそれぞれに存在している、ということだった。この考えを前提として、さらに、個々の生きものを評価するためには、進化の過程を経て個々の生き

ものを生み出してきたより広い「全体」の価値の存在を認める必要がある，と主張される。

これに対して，たとえば全体論主義の代表的な哲学者の一人であるキャリコット（J. Baird Callicott）は，価値の主観主義の立場をとる。つまり価値の存在は，それを評価判定する能力をもった主体（主観）を前提にしており，通常，それは人間である。けれども，価値が人間にとって存在するからといって，価値はすべて人間にとっての道具的価値でしかない，ということにはならない。親は普通，子ども自身が尊くいとおしいのであって，親にとって有益・有用だから価値があると思っているわけではない。しかし，そうだとすると，価値はやはりそれを評価判定する人それぞれにとって異なるという意味でも「主観的」であり，結局は相対的でしかないのではないか。この疑問に対してキャリコットは，人間には社会的感情があり，自分の利益を度外視して他人のためを思ったり，公共的な事柄を尊重したりすることが可能であり，しかもそうした社会的感情自体が生物進化の過程で獲得されたものなのだから，単に主観的相対的なのではなくて，一定の普遍的な価値判断の型が共有されているし，人間以外のものに対する仲間意識へとつながっている，と考える。生態系全体の内在的価値を認めることができるという可能性は，直接他者に向かうわれわれ人間の利他的感情にある，と考えるわけである。

3 環境倫理学の反省

●人間中心主義の再考

第三世界からの批判

アメリカを中心に1970年頃から始まった環境倫理学の議論は、道具的価値／内在的価値、個体主義／全体論主義、価値の主観主義／客観主義といった対立点をめぐる論争を重ねつつ、人間中心主義を克服して人間非中心主義の環境倫理を基礎づけることに努め、それによって環境倫理学の自立化を求めてきた。

しかしながら、1990年に入る頃から、このような主流の環境倫理学のあり方について、種々の批判が起こってきた。批判の動機は、これまでの議論が実際の環境問題の理解と解決に役立たない、と思われる点にあった。たとえばグーハ (Ramachandra Guha) は、「ラディカルなアメリカの環境主義と原生自然の保存」と題した論文 (1989年) で、「第三世界からの批判」を展開した。グーハによれば、地球がかかえている基本的な環境問題とは、先進工業国と第三世界の都市エリートたちとによって不当に資源が過剰消費されているという問題であり、また、地域紛争や軍備競争にもとづく軍国化という問題であって、いずれも、人間中心主義と人間非中心主義という二分法によって理解できるようなものではない。そればかりか、アメリカにおける環境倫理学の議論の背景には、アメリカ固有の自然保護の文化的伝統に根差す「原生自然」(wilderness) 保存の運動があるが、これをそのまま第三世界に適用することはきわめて危険ですらある。なぜならば、インドにおけるトラ保護政策に見られるように、原生自然保存という発想は、農耕生活を営むなど、ながく地

域の自然とともに生きてきた住民をその生活圏から排除し，よりいっそうの困窮状態に陥れることになるからである。また，先進国の大量消費と第三世界の都市エリートたちの開発志向による森林伐採や巨大ダム建設は，自給的に生きる人々の生存を奪っている。環境問題とは，実は，それぞれの地域の人々の生活（生存）と労働（生業）の問題でもあるのだ。

環境正義の運動

グーハは第三世界の立場から環境をめぐっての不正義の問題を論じたが，類似の問題は，アメリカ国内にも見られる。最も著名なのが，1982年，ノースカロライナ州ウォーレン郡でのPCB汚染事件である。きわめて有害なポリ塩化ビフェニールで汚染された土壌の埋め立て地に選ばれたのが，ほとんどの住民がアフリカ系アメリカ人の地域だった。公民権運動家と地域住民が埋め立て地建設に抗議するデモを行い，400人以上が投獄された。埋め立て地建設阻止は失敗に終わったが，アフリカ系アメリカ人が環境上の不平等に抗議して全国規模で広範なグループを動員した最初の出来事となった。

この運動のなかから環境上の人種差別，すなわち「環境レイシズム」(environmental racism) という言葉が創り出され，その実態の調査研究が行われるようになった。たとえば，ルイジアナ州の通称「ガン回廊」と呼ばれる地域には石油化学工場が密集し，化学肥料，塗料，プラスチック，ガソリンなどアメリカの石油化学製品の4分の1がこの地域で生産され，全米の有害廃棄物と有害物質排気量の全体の3割余りがそこで排出されている。ほとんどの住民がアフリカ系アメリカ人であり，全米平均をはるかに上回る率の呼吸器系疾患とガンの発生が報告されている。そして，有害廃棄物に関する行

政上の認可と規制が不公平であること，地域住民のきわめて低い社会的・経済的な地位が，政治的影響力の弱さになっていることが，指摘されている。また，インディアンと総称されてきた先住民の現状はもっと悲惨であり，たとえば，アリゾナ，ニューメキシコ，ユタ，コロラドの4州にまたがるナバホの保留地では，ナバホの人々が長年，安全教育も情報も与えられないままウラン鉱山の採掘労働者として使役されてきた。さらにウラン廃鉱の鉱滓の問題や地下水汚染の問題が深刻であり，ナバホの人々の肺ガンや生殖器ガンの罹患率は，全米平均の5倍以上といわれている。

　こうして，環境汚染・環境破壊が，差別と政策上の不正義に深く関わっていることが気づかれるようになり，環境レイシズムに反対する草の根環境主義の運動は，次第に「**環境正義**（environmental justice）の運動」と呼ばれるようになった。1991年10月，ワシントンDCで「第一回全米有色人種環境運動指導者サミット」が開催され，17項目からなる「環境正義の原則」が採択された。その第一項目は，環境正義が，「母なる地球の神聖さ，あらゆる生物種の生態学的統一性と相互依存関係，生態学的破壊を被らない権利」を断固主張するものであることを述べている。これは，特に伝統的な生活様式と文化を守ってきた先住民たちの主張とも関わって，「自然か人間か」という二項対立的な見方ではなく，多様な人間の生活と文化を守ることが，自然の健全さの維持と深く関わることを主張しているのである。

　環境正義の運動は，地域に根差した運動として始まったが，グーハの議論にもあったように，環境をめぐる不正義の問題は，世界の各地にあるし，国家間の関係の問題でもある。つまり，巨大な政治的・経済的な権力を背景としながら，環境汚染・環境破壊の被害が

不平等に起こっていること，資源の利用がきわめて不公正であること，環境に関わった情報伝達や意思決定が非常に不公平であること，こうした環境上の不正義を正すこと，予防することを求めるのが環境正義である。

1990年代以後，環境倫理学は次第に環境正義の問題を取りあげるようになってきたが，まだまだ分量的にも限られている。クリスティン・シュレーダー＝フレチェット（K. Shrader-Frechette）は，環境正義を論じる数少ないアメリカの哲学者の一人だが，実際にはずっと以前から存在していた環境正義の問題が，なぜ長いあいだ認識されてこなかったかを問うている。彼女によれば，初期の自然保護運動は教育レベルの高い白人の中流・上流階級の人々によって担われてきたのであって，彼らの環境主義はバードウォッチや自然探索に焦点があてられていても，環境汚染被害が最も大きい貧しい人々が暮らす場所に注意が向けられることはなかった。また，都市の環境問題については，女性が抗議の声をあげる場合が多かったが，ジャーナリズムをはじめとして，女性やマイノリティを無視する傾向が強かった。さらに，主流の環境主義が人間よりも自然の保護を強調したこと，環境倫理学が人間中心主義批判を主な関心事としてきたことが，大きな要因として考えられる。つまり，自然の価値をめぐる論争に明け暮れてきた哲学者たちが，環境正義の問題に対する感受性を欠落させてきたことを，彼女は批判するのである。

> **環境プラグマティズムの主張**

自然の価値論に集中する環境倫理学の不毛さを批判するもう一つの有力な立場が，やはり1990年代に入ってから登場する。それは，**環境プラグマティズム**（environmental pragmatism）である。

この立場に立つ哲学者たちも多様であるが、いずれも従来までの環境倫理学が哲学者たちによる哲学者たちのための抽象的議論に閉塞してきたことを批判し、もっと環境問題の個々の現場で実際に何が議論されているのかに注目し、現場の議論に参加していくことを求める。つまり、環境倫理学の議論を、環境問題の実際の解決に向けて努力している広範な人々の輪（環境運動家、環境科学者、環境政策立案者、環境問題に関心をもつ市民たち等々）に組み入れることを求め、環境倫理学が実践的な公共哲学になることを求めるのである。

環境プラグマティズムによれば、「人間中心主義」とは、自然破壊を容易に正当化したり、必然的に正当化したりする価値形式だ、というように従来までの主流の環境倫理学は決めつけてきた。しかし、これはあまりに独断的である。人間中心主義が、直ちに自然破壊を正当化するとは限らない。たとえば、自分が育ってきた自然環境の美しさを、自分の子どもや孫たちにも残してやりたいと思う人々の思いは、確かに、どこまでいっても人間のための考慮であって、自然そのものの価値の尊重ではないから、人間中心主義である。しかし、その人間中心主義は、決して自然破壊を正当化するものではなく、むしろその反対である。実際に問題なのは、きわめて短期的な経済的利益の観点からのみ自然の道具的価値を決定してしまうことであって、実は人間は非常に多様な仕方で自然を経験するし、自然の多様な価値を見いだしているのである。だから、道具的価値と内在的価値を絶対的に区別して、自然の内在的価値の論証を求める人間非中心主義の環境倫理学は、実際には、きわめて限定された人々にしか訴えることができない。

また、人間に「とっての」自然の価値は、人間が自然を対象化し、客体としての自然を他の目的のための手段として一方的に利用する

ことにおいて見いだされる道具的価値ばかりではなくて，人間と自然との「関わり」の内に人間が見いだす多様な価値を含んでいる。価値は私たちの経験とともに生成してくるものでもあり，経験が価値を発見するということができる。それ故，多様な経験の可能性を提供するものは，新たな価値の発見を可能性として開くものとして，それ自身，価値があると考えることもできる。原生自然（野生）や生物多様性の価値には，そのような側面があるだろうし，自然との「関わり」の多様性は，そうした多様な経験の可能性を意味している。

道徳上の一元論と多元論

このように考えると，人間にとっての自然の価値と自然そのものの内在的価値とを絶対的に区別して，人間中心主義と人間非中心主義とを対決させてみても，多くの人を納得させることはできそうにない。また，自然に関わる私たちの倫理的な態度や行為に根拠を与える価値や原理が，たった一つしかないと考える必要があるのか，疑問に思われる。そして，この疑問そのものが，哲学者たちの論争の種にもなっている。**道徳上の一元論**（monism）**と多元論**（pluralism）との論争である。一元論は，あらゆる状況のなかで，それぞれに応じた適切な倫理的判断を可能にしてくれる単一の原理がある，という考え方である。あるいは，さまざまな価値のあいだのコンフリクト（葛藤・対立・紛争）があっても，それを解決してくれる単一の価値原理もしくは価値尺度がある，という考え方である。とくにキャリコットのような全体論主義者は，単一の価値原理を用意することで，人間，動物，種，生態系，等々さまざまな対象に関わる義務のコンフリクトが明快に解決される方法論を提供できるもの

として，道徳一元論を主張する。それと同時に，多元論を，そのまま道徳相対主義に陥るものとして拒否する。

これに対して，環境プラグマティズムの哲学者たちは，道徳多元論を主張する。まず，自然の価値や価値の可能性は，あまりにも多様だから，単一の価値論で説明できない，と主張する。つまり，一元論は理論的に無理がある。次に，人々は非常に異なった理由から自然に価値を見いだしているのだから，道徳的配慮を自然にまで向けるよう人々を動機づける環境倫理は，単一の価値論によって基礎づけられるよりももっとずっと広範な価値の直観に訴えなければならないだろう，と論じる。具体的には，人間の利害と，ある意味では自然の利害と，その両方を認めることができるし，その両者が必ず対立するというよりは，むしろ両立できる場合が多い，と考える。また，現代の民主的な自由主義社会は一般に価値多元論を前提にしている。多様な価値観をもった人々が，それぞれ価値観を異にしながらも，一定の問題解決に向けて協働することは可能だし，むしろそれが望ましい。だから，特定の価値観だけを一元的に主張することは，かえって協働を阻害するだろう。

自分自身の立場を「弱い人間中心主義」(weak anthropocentrism) と呼んできた環境プラグマティストであるノートン (Bryan G. Norton) は，環境倫理の探求の過程で，結局私たち皆が支持できる原理は，「持続可能性原理」(the sustainability principle) をおいて他にはないだろう，と主張する。つまり，未来の人間の自由と福祉にとっての必要なさまざまな選択肢の基盤となる生産的な生態系と物質過程を保護することが，私たちの義務だ，と考えるのである。そして，未来の世代のために環境を保護することが義務だと言うことが可能なのは，正義が貫かれ，適正であり，持続可能な，そんな人

間共同体を形成することに参加していこう，という「共同の意志」を私たちが肯定しているからである。それ故，持続可能性原理そのものは，一元論の原理ではなくて，環境をめぐる活動に統一性を与えはするが，持続可能性に向けてさまざまな課題を開くものだし，さまざまな社会集団に開かれたものである。

実際，多くの人々にとって，環境保護を望む理由として直観的に強力なのが，未来世代への義務もしくは責任である。結局，環境プラグマティズムは，長期的な視野に立って環境の持続可能性を支持することに向けて人々の態度，行動様式，政策選好を変えるよう人々を動機づけるのは何なのか，という問題を取りあげることが，環境倫理学にとって必要であることを強調するのである。

4 モデルとしての「里山の環境倫理」

●日本からの提案

「里山」の再発見

上に概観した環境倫理学の新たな方向への歩みを意識しつつ，日本での自然保護の倫理の一つの可能性について見ておきたい。

主としてアメリカにおいて発展してきた環境倫理学は，これまで，原生自然（wilderness）をモデルに構想されることが通例だった。つまり，「手つかずの自然」をそのまま保護することを主眼とし，しかもその保護は，自然そのものが内在的価値をもっているということによって根拠づけられることが多い。手つかずの自然を手つかずのままに保持することが「保存」（preservation）であり，手をつけつつ賢く利用することが「保全」（conservation）と通常考えられている。この発想の基盤をなしているのは，自然と人為（人工），

自然と文化，自然と人間（社会）といった一連の二項対立図式である。これに対して私は，「**里山の環境倫理**」を新たな環境倫理の一つのモデルとして考えたい。

「里山」という言葉は，江戸時代から用いられてきた言葉であり，人里近くの山（山岳ではなく平地であっても森林地帯）のことである。緑肥や薪炭など，農耕生活者にとって多様な生活必需品を供給するのが里山である。土地が花崗岩質のため，いったん収奪されると復元しない山林地帯もあるし，江戸時代から明治にかけて，森林破壊は多くの地域で相当進んでいた。しかし，うまく管理された里山もあった。ところが，戦後の高度経済成長時代，薪炭から化石燃料への燃料革命と農業革命（化学肥料の大量投入と機械化）によって多くの里山は放棄され，住宅開発やゴルフ場建設のターゲットにもされてきた。失われていくことによって身近な自然としての「里山」は新たに発見され，1980年頃から研究されるようになり，やがて1990年代に入って，「里山」の言葉も保全のブームとともにポピュラーになっていった。研究してみれば，里山（農用林としての二次林）は田んぼやため池や畔などと一体をなして（里山農業環境），結果的に生物多様性を維持してきた仕掛けであったことがわかってきた。環境省によれば，日本の絶滅危惧種の実にほぼ5割は「里地里山」（私のいう「里山農業環境」）に棲息している。環境意識が高まれば，自然認識と自然の価値観も変化するし，逆に，自然認識が深まれば，環境意識も高まりうるのだ。

人と自然の関係性の保全

里山研究に先鞭を付けた一人である守山弘は，「人間が自然にあたえた影響をたんなる破壊とみるのではなく，それが自然をま

もるうえではたしてきた役割を正しく評価すべき」だと主張し，「農耕とわかちがたく結びついて維持されてきた『自然』の保護」ということを考えるべきだと述べる。「原生自然の保護とは異なるもう一つの自然保護も必要なのではないか，そしてそれは生物だけでなく人間のくらしや文化を含めた保護でなければならない」と守山はいうのである（守山 [1988]）。

里山ないし里山農業環境は，人の手が入ることによって維持されてきた自然（二次的自然）である。この「人の手が入った自然」という場合の「手」ということで，私は「技法」と「作法」を理解している。つまり，里山管理には伝統的な農林業の技術（たとえば，ほぼ20年周期くらいで部分的に伐採して，林内をモザイク状に保持する）が作用したし，入会地に対する一定の規範が働いていた。里山には「手入れ」が必要なのである。人の手が入ることによって結果的にむしろ高度の生物多様性を維持してきた，ということは，自然と人為，自然と文化という二項対立図式を自明とする西洋近代の視座からは理解し難いことである。人の手が入った自然としての里山は，人と自然との関係性の総体であり，里山保全は関係性の保全でなければならない。

近年，ツキノワグマの異常出没が問題視され，人里にあまりに馴れたクマが人に危害を与える事件も増加している。クマの出没は，奥山での堅果類（ブナやミズナラなどのドングリ類）の凶作と関係があるが，里山の荒廃も要因として指摘されている。以前は人里との緩衝地帯としての役割を果たしていた里山に人の手が入らなくなり，里山が暗い密生した森林と化すことによって，クマの行動圏が里山に及び，結果として人家に近づくようになっている，と見られている。人命を守るためには，クマの捕殺も仕方のないことであって，

野生動物そのものの（内在的価値ゆえの）尊重を理由として人間を犠牲にすることはできない。しかしながら，奥山のスギ・ヒノキ植林の拡大とその放置や里山の荒廃がクマたちの生息域に影響を与えているならば，クマたちがまず被害を受けていることになる。農村の過疎化と高齢化が休耕田の拡大とそのブッシュ化および里山の荒廃をいっそう促進するなか，そして，膨大な植林地が放置されたまま木材の自給率がわずか18％余りという森林行政の不毛のなか，捕獲したクマを痛めつけて奥山へ「学習放獣」するのが精一杯の方策になっているが，それすら地元の理解を得るのが困難な場合が多い。しかし，1999年の鳥獣保護狩猟法の改革によって導入された「特定鳥獣保護管理計画」制度に見られるように，日本においても，単に農林業被害の対策という観点ばかりでなく，野生生物の保護という観点ももはや無視しえないものとなっている。「里山の環境倫理」を追究する環境倫理学は，そうしたさまざまな現実の多方面の問題を考察するとともに，人と野生動物との適正な「棲み分け」の方途を地域生態系（里山は地域ごとに個性を異にする地域生態系でもある）に即して模索する，ということをも課題とするのである。

演習問題

1 自然を守るべきだと思うあなたの理由を，思いつく限りあげ，それらの理由は相互にどのように関係しているか考えてみよう。

2 野生動物の保護について，日本と世界でどのように歴史的に変化してきたのか，調べてみよう。

★ 参考文献

リン・ホワイト（青木靖三訳）［1972］『機械と神』みすず書房。
ジョン・パスモア（間瀬啓允訳）［1979］『自然に対する人間の責任』岩波書店。

ポール・W. テイラー［1995］「生命中心主義的な自然観」小原秀雄監修『環境思想の多様な展開』〈環境思想の系譜3〉東海大学出版会。

J. B. キャリコット［1995］「動物解放論争——三極対立構造」小原秀雄監修『環境思想の多様な展開』〈環境思想の系譜3〉東海大学出版会。

ラマチャンドラ・グーハ［1995］「ラディカルなアメリカの環境主義と原生自然の保存——第三世界からの批判」小原秀雄監修『環境思想の多様な展開』〈環境思想の系譜3〉東海大学出版会。

マーク・ダウィ（戸田清訳）［1998］『草の根環境主義』日本経済評論社。

守山弘［1988］『自然を守るとはどういうことか』農山漁村文化協会。

田端英雄編著［1997］『里山の自然』保育社。

本田雅和，風砂子・デアンジェリス［2000］『環境レイシズム——アメリカ「がん回廊」を行く』解放出版社。

羽山伸一［2001］『野生動物問題』地人書館。

丸山徳次編著［2004］『岩波応用倫理学講義 2 環境』岩波書店。

丸山徳次［2005］「里山学の提唱」『龍谷理工ジャーナル』17巻1号。

丸山徳次・宮浦富保編［2007］『里山学のすすめ——〈文化としての自然〉再生にむけて』昭和堂。

丸山徳次・宮浦富保編［2009］『里山学のまなざし——〈森のある大学〉から』昭和堂。

Andrew Light and Eric Katz(eds.) [1996], *Environmental Pragmatism*, Routledge.

Kristin Shrader-Frechette [2002], *Environmental Justice*, Oxford U. P.

第3章 持続可能性とは何か

開発の究極の限界

本章のサマリー

経済活動を測る指標として、政治の世界では「成長率」が相変わらず大手を振っているが、成長すればするほど、廃棄物が累積して環境が劣化し、資源が枯渇するという因果関係がはっきりするにつれて、手放しの成長賛美は姿を消した。代わって登場したのが「持続可能的開発」である。しかし、この言葉の中身が分からないという声が多い。ある人が調べたら23通りの定義があったそうだが、「持続可能的開発の定義は100以上ある」という説もある。本章では、「ハードな持続可能性」と「ソフトな持続可能性」という代表的な二つの解釈の間の論争状況を理解することが目標である。「ハードな持続可能性」の立場では、地球の生態系が有限である以上、再生可能な資源への転換と処理能力以上の廃棄物を出さないことが持続可能性の条件となる。「ソフトな持続可能性」の立場では、枯渇型資源への依存や廃棄物の累積が続いたとしても、相対的に資源の使用効率が高まるなら持続可能性が保持されると主張する。

本章で学ぶキーワード

ブルントラント委員会報告書　　ロックの但し書き　　再生不能財
デイリーの三条件　　石油埋蔵量　　技術予測　　エネルギー密度

1 ブルントラント委員会報告書から

●開発の可能性に道を開く

 「持続可能性」という概念は，1987年に発表された国連の**ブルントラント委員会報告書**（環境と開発に関する世界委員会編［1987］）によって確立されたということになっている。ブルントラント（G. H. Brundtland）は，当時ノルウェーの総理大臣をしていた女性で，もともとの職業は医師である。困難な仕事を冷静にまとめあげた彼女の力量と誠意は高く評価されている。

 この報告書のなかから，持続可能性の定義を引き出してみよう。

 (1) 持続可能的な開発とは，未来の世代が自分たち自身の欲求を満たすための能力を減少させないように（without compromising the ability of future generations）現在の世代の欲求を満たすような開発である。

 (2) 持続的な開発は，地球上の生命を支えている自然のシステム——大気，水，土，生物——を危険にさらす（endanger）ものであってはならない。

 (3) 持続的開発のためには，大気，水，その他自然への好ましくない影響を最小限に抑制（minimized）し，生態系の全体的な保全を図ることが必要である。

 (4) 持続的開発とは，天然資源の開発，投資の方向，技術開発の方向付け，制度の改革がすべて一つにまとまり，現在および将来の人間の欲求と願望を満たす能力を高める（enhance both current and future potential）ように変化していく過程をいう。

 この定義を見ると，二つの内容が浮かび上がってくる。一つは，

自然生態系の保護である。「地球上の生命を支えている自然のシステムを危険にさらさない」,「生態系の全体的な保全を図る」という内容が浮かび上がってくる。ここには具体的にどこまで開発を進めてよいのかという限度が見えてこない。「自然への好ましくない影響を最小限にする」という言い方では，どんなに自然環境を悪くしても，それでも「自然への好ましくない影響を最小限にしたのだ」という言い訳を認めてしまうことになるだろう。

もう一つの内容は，未来世代の利益を守るということである。「未来の世代が自分たち自身の欲求を満たすための能力（ability）を減少させない」,「現在および将来の人間の欲求と願望を満たす能力（potential）を高める」という内容である。

2 ロックの但し書き
●先行者と後続者の間の平等

未来の世代の欲求充足の「能力（ability）を減少させない」という言い方の代わりに，「未来の世代の欲求充足の可能性を減少させない」と述べたほうがいいのではないだろうか。問題は，現在の世代と未来の世代とが，化石燃料の使用に関して，奪い合いの構造になっているということである。

山のなかに金の卵が10個隠されているとする。先行者は楽に見つけられるが，だんだん卵が減っていって，最後の1個をさがす後続者はとても苦労するだろう。すると未来世代と同じ条件で宝探しのゲームをやるとすると，金の卵が無限に存在しているのでなければならない。

哲学者のロック（John Locke, 1632～1704年）は，『統治論』の所

有権の発生を論じている箇所で、次のように述べている。「労働は、労働した人の疑いもない所有物なのだから、少なくとも共有のものが他人にも十分に、そして同じようにたっぷりと残されている場合には、ひとたび労働が付け加えられたものについては、彼以外の誰も権利を持つことができない」(森村 [1997] 187 ページ)。この「少なくとも共有のものが他人にも十分に、そして同じようにたっぷりと残されている場合には」という部分は、「**ロックの但し書き**」と呼ばれている。

ロックによれば、誰にとっても山のなかにいつも金の卵が 10 個隠されているという場合でなければ、見つけだした金の卵を自分の所有物にすることができない。すると労働によって私有財産が発生するためには、資源が無限に存在しなければならないことになる。実際には、石油も石炭も鉄も、みな有限な資源なので、「ロックの但し書き」を守るとすれば、労働から私有財産を生み出すという営みが不可能になる。

未来世代に平等の発掘条件を保証することは不可能なので、ブルントラント報告では、未来世代の「能力 (ability) を減少させない」という表現で、有限な資源の世代間配分の問題を回避したのではないかと思う。未来世代の資源発見の能力は減少していないが、肝心の資源がなくなってしまったら、未来世代は生きてはいけなくなるから、持続可能性は当然成り立たない。

ブルントラント委員会報告書を読んで、「今までは資源を大量に消費し、廃棄物をたくさん出して太く短く開発をしてきたが、これからは細く長く開発をしていくのだ」と解釈した人が多い。要するに「持続可能的開発」とは、「なるべく自然破壊をしないように、なるべく未来人に迷惑をかけないように開発をするのだ」と解釈す

る人がたくさんいる。

3 ミルの予測
●資源枯渇と自由主義経済

　J. S. ミル（J. S. Mill, 1806～73年）は枯渇型資源を「事実上無制限」であると考えていた。「ある種の自然要因はその数量に限りがあり，他のものは事実上無限である。およそ自然力の中には，その分量に限りのないものもあれば，また限りのあるものもある。〈分量に限りなし〉といっても，もちろん文字どおりの意味ではなくて，実際上無制限という意味である。すなわち，いかなる事情において使用される分量よりも，または少なくとも今日の事情において使用される分量よりも大きい分量のことである」（ミル［1959～63］第一篇生産，第一章生産要件について，四，1巻，72ページ）。

　しかし，彼は「事実上無限」であることの終わりを見抜いて，成長からの自覚的脱却を説いていた。「もしも地球に対しその楽しさの大部分を与えているもろもろの事物［多様性］を，富と人口との無制限な増加がことごとく取り除いてしまわなければならないとすれば，……しかもその目的がただ単により大なる人口——しかも決してよりすぐれた，あるいはより幸福な人口ではない——を養うことをえさしめるだけであるならば，私は後世の人のために切望する。彼等が必要に強いられて停止状態にはいるはるかまえに，自ら好んで停止状態にはいることを」（ミル［1959～63］4巻，109ページ）。

　ミルは，資源が「事実上無限」として扱いうるうちは，市場経済の調整能力が発揮されているが，「事実上有限」となったときには，政府の長期的な政策にもとづいて「停止状態」を実現しなくてはな

らないと考えていた。

4 枯渇型資源への依存
●スモール・イズ・ビューティフル

シューマッハー (Ernst Friedrich Schumacher, 1911〜77年) はミルの予測の跡をたどったことになる。彼は『スモール・イズ・ビューティフル』で, 一次財を**再生不能財**と, 再生可能財に分けた。

「経済学のおもな対象は「財」"goods"である。財"goods":

第一次財（再生不能財，再生可能財）

primary goods : (1)non-renewable　　　(2)renewable

第二次財（工業製品，サービス）

secondary goods : (3)manufacturers　　　(4)services

まず，いちばん大切な区別は第一次財と第二次財の間の区別である。なぜならば，第二次財は第一次財の入手可能性を前提にしているからである。市場はこの区別を知らない (The market knows nothing of these distinctions)。すべての財に値段をつけ，それで重要度はみな同じものに見せかける。5ポンドの石油（第一のカテゴリー）と5ポンドの小麦（第二のカテゴリー）は同じであり，それらはまた，5ポンドの靴（第三のカテゴリー）や5ポンドのホテル代（第四のカテゴリー）と等しいわけである。このような各種の財のどれが相対的により重要かを決める基準は，これを供給して得られる利益率だけである。

ところが，今や環境の悪化，とくに生きている自然の質の劣化がますます明らかとなってきたので，経済学の前提と方法論

の全体が疑われ始めたのである」（[1973] 原文 pp. 51～54；シューマッハー [1986] 64～67 ページから抜粋）。

　資源が枯渇型か再生可能型かという違いを経済学者が認知しているかどうかが，問題なのではない。問題は，市場経済がその違いを反映するような仕組みになっていないということである。

　現在，世界の戦火は，ほとんど枯渇型資源の奪い合いから起こっている。枯渇型資源（石油，地下水，鉱物）に産業が依存しているかぎり，同時に残された資源を現在世代と未来世代とで奪い合うことが避けられない。先進国と開発途上国も，資源を奪い合う結果になる。その結果，貧富の国際格差は拡大し，その格差を是正することはますます困難になっていく。

5　デイリーの持続可能な発展のための三つの条件
　●自然的持続条件の再現

デイリーの思想

　ハーマン・デイリー（H. Daly）は，日本だけでなくアメリカでもあまり知られた存在ではないのだが，ローマクラブ報告『成長の限界』に何度か登場し，基本的な概念を提供している。つまり，デイリーの思想は，「成長の限界」という概念を裏から支えていた。「持続可能な経済というものについての，もっとも影響力のあった初期の考えのかなりの部分をつくり出した人である」というドブソンの批評（ドブソン [1999] 146 ページ）は的確であろう。

　資源が有限である以上は，「成長か持続可能性か」という選択の可能性はない。成長を続けていれば，必ず持続不可能という事態に到達するのだから，「成長から持続可能性へいつ自覚的に転換する

か」という選択の余地があるだけである。多くの人は「持続可能的発展を守る」というテーゼを承認したとしても，多少は持続可能性に配慮した発展を図るべきだと考えている。そして「持続可能性への配慮」という契機と発展という契機の配分比率について賢明な選択をすべきだと考えて，結局は，「持続可能性への配慮」を最小限にしようと努力する。

デイリーの三条件

デイリーは，持続可能な発展のための三つの条件を次のように示している。

「1. 土壌，水，森林，魚など再生可能な資源の持続可能な利用速度は，再生速度を超えるものであってはならない（たとえば魚の場合，残りの魚が繁殖することで補充できる程度の速度で捕獲すれば持続可能である）。

2. 化石燃料，良質鉱石，[地層に閉じこめられていて循環しない] 化石水など，再生不可能な資源の持続可能な利用速度は，再生可能な資源を持続可能なペースで利用することで代用できる限度を超えてはならない（石油使用を例にとると，埋蔵量を使い果たした後も同等量の再生可能エネルギーが入手できるよう，石油使用による利益の一部を自動的に太陽熱収集器や植林に投資するのが，持続可能な利用の仕方ということになる）。

3. 汚染物質の持続可能な排出速度は，環境がそうした物質を循環し吸収し無害化できる速度を超えるものであってはならない（たとえば，下水を川や湖に流す場合には，水生生態系が栄養分を吸収できるペースでなければ持続可能とはいえない）」（メドウズほか [1992] 56 ページ）。

この第一項目は，ブルントラント委員会の報告にも，ほぼ同じ内

容が含まれている。「一般に，森林や漁業資源のような再生可能資源は，自然の再生産能力の範囲内での使用量であれば問題はない」。

ところが第二項目についての見方がまったく違う。ブルントラント委員会の報告では，「人口あるいは天然資源使用の観点からは，それを超えると生態学的破綻をきたすという，成長の明確な限界はない。エネルギー，鉱物，水，土地の使用に関しては各々異なった限界がある」と画一的かつ確定的な限界がないということだけを述べている。枯渇型資源の利用の限界が確定できないということは，限界がないことと同一ではないのに，多くの人は限界が不確定であるという理由で，その限界が存在しないかのような態度をとっている。

枯渇の可能性について，ブルントラント委員会の報告では，「しかし，それでも結局は限界がある。持続可能性が成り立つためには，この限界に達するはるか以前に，世界が限られた資源の衡平な利用を保証し技術開発の方向を変えて，この圧力を解消する必要がある」と述べている。つまり，「技術開発の方向を変えて」ということが，枯渇型資源に依存することからの脱却を意味するとはとりにくいあいまいな表現で済ませている。最後の帰結が「圧力を解消する」という形であることは，抜本的な解決はしないという姿勢を示していると考えられる。

結局，持続可能性とは，枯渇型の資源への依存からの脱却と廃棄物累積の回避である。この**デイリーの三条件**について，たとえば「汚染物質の持続可能な排出速度は，人工的に処理する場合のエネルギー投下が，再生可能エネルギーでまかなえる限度を超えてはならない」と書き換えてもいい。つまり，デイリーは廃棄物の自然浄化だけを想定して，すべての廃棄物総量を自然浄化能力以下にしよ

うとしているが，その必要はないだろう。

6 枯渇型資源の使い回し
●非在来型化石燃料

　工学系の学者から開発を要する技術は何かというアンケートをとると，「メタン・ハイドレートの開発」という項目をあげる人がいる。メタン・ハイドレートというのは，海底にある，水の分子の間にメタンが固化して封入されているシャーベット状の物質で，中からメタンガスを取り出すことができる。つまり，石油に代わる化石燃料の開発である。天然ガス，オイルシェール，石炭など枯渇型資源を使い回していったほうが経済的に有利だという主張もある。「石炭を開発して200年分の需要を賄うことができるとすれば，それを回避するという選択は不合理だ」という意見もある。

　もしも21世紀の人類が，化石系のエネルギー資源を求めて，あらゆる資源を再び使い終わると想定しよう。すると，もう地下に埋蔵されているエネルギー資源は皆無であるという形で次の世代に地球をバトンタッチすることになる。つまり，現在，未開発の枯渇型資源を利用するということは，ババ抜きの最後のババを次の世代に移しているだけで，本質的な解決になっていないばかりか，地球の工業文明の破滅のリスクを大きくする。もし私たち21世紀に生きる人が，残存する化石燃料の利用を徹底的に追求するなら，その技術的な成功の後には，出口なしの破綻が待ち受けていることになる。

　経済的に見てどれほど有利な化石燃料が残存しているとしても，それを使わずに封印して，再生可能型エネルギー資源を開発することが，正しい選択なのである。もちろん，化石燃料が温暖化の原因

表3-1 非在来型原油（Unconventional Oil）の資源量

(単位：億バレル)

	オイルサンド		ヘビーオイル		シェールオイル	
	資源量	可採埋蔵量	資源量	可採埋蔵量	資源量	可採埋蔵量
北アメリカ	18,500	358	1,000	59.4	15,800	215
南アメリカ	8,950	0.72	11,900	2,360	8,590	644
西欧	na	2.86	71.6	5.01	2,080	286
中東欧	0	0.72	0	2.86	215	21.5
旧ソ連	3,010	24.3	0	1.43	2,150	143
中東・北アフリカ	0	0.72	14.3	na	10,300	1,430
サハラ以南アフリカ	644	71.6	7.16	14.3	1,150	na
アジア共産国・中国	71.6	na	28.6	64.4	14,500	573
太平洋OECD	na	na	na	0.72	9,520	236
他の太平洋諸国	na	6.44	7.16	9.31	1,290	71.6
南アジア	na	na	7.16	na	na	na
計	31,200	430	13,700	2,510	65,900	8,810

(出所) Rogner, Hans-Holger, "An Assessment of World Hydrocarbon Resources," International Institute for Applied System Analysis (IIASA), WP-96-56, p.43 (May 1996).

表3-2 非在来型ガス（Unconventional Gas）の種類

①タイトサンドガス (Tight Sand Gas)	地殻深部（4000〜6000 m）の固く締まった地層に存在する天然ガス。
②コールベッドメタン (Coal Bed Methane)	石炭層の割れ目や微細な孔隙空間に遊離ガスとして存在するメタンガス。近年，米国のほか中国，インド，ドイツで事業化を急展開している。
③シェールガス (Shale Gas)	米国東部Appalachian堆積盆の下部に分布する頁岩層（Devonian Shale）の割れ目内に存在するメタン。
④地圧水溶性ガス (Geopressured Gas)	地殻深部の異常高圧層の地層水に溶解したガスで，高圧下のガス量は地表の体積では膨大となる。
⑤メタンハイドレート (Methane Hydrate)	メタン分子と水分子からなるクラスター状の固体物質（深海底堆積層中や永久凍土地帯の土質堆積物中に広範に分布）。日本近海の南海トラフが焦点。

(出所) 日本学術会議ほか「第43回原子力総合シンポジウム講演論文集」41ページ。

物質を排出するという理由も成り立つ。もしも石油が事実上無限に存在し枯渇しないとしたら、人類は温暖化の弊害を避けることができなくなる。

ブルントラント委員会報告では、「化石燃料や鉱物のような再生不能資源は、それを使用すれば当然将来利用可能な量は減少する。しかし、だからといってこれを使用してはならないということではない。その資源の重要性、減少速度を最小に抑える技術をどれだけ利用できるか、それに代わる資源の可能性も考慮したうえで使用すべきである」と述べていて、枯渇までの成り行きを見ながら利用するという方針を示している。同報告は、「最後には枯渇型資源への依存から脱却する」というシナリオを示さず、当面は資源の枯渇には直面しないという想定でシナリオを書いたために、結局、可能な開発の限界を定めることができなかった。

7 女性の地位が向上すれば人口が減少する？
●人口指標の意味

石油の埋蔵量は有限であるから「石油の埋蔵量を毎年の産出量で割れば石油があと40年で枯渇する」という指摘がある。ところが埋蔵量は増加する傾向がある。「それでは埋蔵量が毎年変動するのはどういうわけか」という疑問はとうぜん起こってもいい。

また「人口が増加すればエネルギー消費量も増加する。実際に、人口は増加し続けている。ゆえにエネルギー資源は枯渇する」という主張に対して、「女性が高度の教育を受け、その社会的な地位が向上すれば、出産率が低下する。ゆえに、出生数が増加するという固定的な予測をもとに、エネルギー消費が増大するという予測を述

べているのは間違いである」というフェミニストの反論もある。

　第二のフェミニストの論点から先に解明することにしよう。アフリカの南部で原始的な農業を営んでいる女性が，一人で生涯に6人の子どもを生むとしよう。8人の家族が維持される。その同じ地域の女性が大学教育を受けて高い社会的な地位を獲得して生涯に子どもを二人生むとしよう。4人の家族が維持される。どちらの家族のエネルギー消費量が多いかといえば，4人の近代的な家族である。彼らは電気を使ったり自動車に乗ったりする。

　このフェミニストの主張は「女性が高学歴化すれば出生数が減る。出生数が減ればエネルギー消費量が減る」という前提で組み立てられている。実際には「高学歴化そのものがエネルギー消費を増やしているので，高学歴化による出生数の減少は，エネルギー消費の減少という結果を生み出さない」のである。

8 石油埋蔵量の変動

●埋蔵量が変化する理由

石油枯渇予測

　第一の論点，「**石油の埋蔵量が変化するので，固定した埋蔵量を前提とする石油枯渇予測は意味がない**」という主張のどこが間違っているかといえば，「石油枯渇予測は固定した埋蔵量を前提にしているのではなく，変動する埋蔵量予測にもとづいて算出されている」というのが本当の答えである。

　小山茂樹『石油はいつなくなるのか』[1998]によれば，埋蔵量R（reserve）を分母として生産量P（production）を分子とする比をとる。それが可採年数とみなされる。どちらも変動する数値の比で

ある。そうした変動のなかには、産油国が政治的な理由で埋蔵量の上方修正を行ったものも含まれる。そこでさまざまなデータの裏の裏まで読んで、最終的な予測が出される。

埋蔵量と産出量のすべての予測データの変動要因を分析し、そこから総合的な変動のモデルを立てて、実証値と照合するというのが、小山氏などが行っている石油の枯渇予測である。小山氏の結論は「58年をピークとして始まっているR/Pの緩やかな下降は、79年にボトムを打ったのではなく、その後も実は続いている」(同77ページ)ということである。するとだいたい「あと40年」という数値が「あと39年」、「あと38年」というように変化していく可能性が見えてきているということになる。

究極埋蔵量について「100％の確率では1兆6000億バレルとすれば、90％の確率では1兆7500億バレル、50％の確率では2兆1500億バレル」(同61ページ)という存在の確率レベルでの違いの他に、技術レベルの違い、経済レベルの違いがある。

石油の採掘にはさまざまな技術水準がある。映画では真っ黒な液体が吹き出てくるという画面がよくあるが、固まった原油に熱や界面活性剤を注入して粘度を下げるという採掘方法もある。すると石油埋蔵量といっても、1バレル20ドル以下で採掘できる石油というように価格との相関関係でしか決定できないという側面もある。

ターナーほか『環境経済学入門』[2001]にデイリーの「定常状態」(steady state)仮説への批判が展開されている。

コンスタント・ストック

J. S. ミルは、先の政治経済学者たちのように、経済成長過程は「停止状態」で終わるだろうと信じた(1857年)。停止状態で

は，一定数の人々が，一定量の住宅，基本的な施設，農場，産業プラントによるサービスを受ける。経済学の用語では，人的資本ストック（人々）と物質的資本ストック（機械や建物など）が一定になるだろう，ということである。1970年代には，「コンスタント・ストック」という，もう一つの考えが現れた。この概念は，ゼロ成長の定常状態（steady state）を慎重に作り出すことを提唱した，デイリーの著作（Daly [1977]）によって広められた。デイリーにとっての重要な問題は，環境の下位システムである経済と，全体のシステム（生物圏，経済プラス生態系，およびそれらのあらゆる相互関係）との相対的な大きさである。デイリーは，伝統的経済学に対して批判的である。なぜなら，伝統的経済学は，経済のこの「規模」の問題（人口×1人当たりの資源利用量）を適切に分析できないからである（同3ページ）。

デイリーの主張は，生態系の全体的なシステムのなかの部分集合である経済圏は，その全体的なシステムの限界を守らざるをえないという自明なことを前提にしている。そこから無限に非循環型資源を使用したり，無限に廃棄物を投棄したりすることができない以上，一定の限度内の循環に定常化しなければならないという帰結が出てくる。

デイリー批判

ターナーほか『環境経済学入門』[2001]のデイリー批判を検討してみよう。まず，資源の発見が続くという主張である。「物理的な意味において，化石燃料のエネルギー資源はもちろん有限である。しかし，実際に存在する資源の新たな発見は常になされている。したがって，確定埋蔵量は探査や採取の技術が発展するにつれて，時間とともに増加す

図 3-1　石油埋蔵量

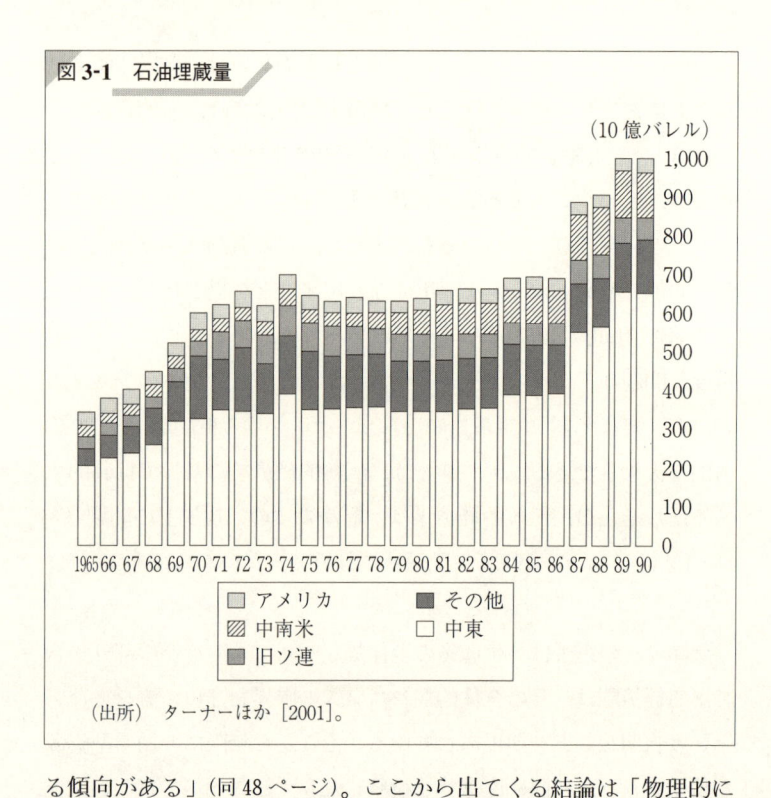

（出所）ターナーほか [2001]。

る傾向がある」（同 48 ページ）。ここから出てくる結論は「物理的には有限であるが，経済学的には当面は無限である」ということである。したがって，定常状態仮説を採用する必要がないというわけだ。

これは実はデイリーへの反駁ではない。デイリーも，このレベルのデータを受け入れている。先に紹介した石油埋蔵量の予測問題が，この「埋蔵量の増大」という変動の要因を分析し，そこから作られるモデルから再予測するという仕組みになっていたことを思い出してほしい。ターナーほか『環境経済学入門』（49 ページ）には，石油埋蔵量の 1990 年までの上昇し続けたデータがグラフになって出ている（図 3-1）。これを見れば，誰だって石油が枯渇するという

のは，当面のデータでは示されていないと確信するだろう。

小山茂樹『石油はいつなくなるのか』[1998] では，埋蔵量の上方修正について，次のように記述している。

> 「87年に埋蔵量の大幅修正が行われたのは，以下の4カ国だ。イラン，イラク，アラブ首長国連邦，ベネズエラ，いずれの国も87年末の確認埋蔵量——すなわち残存埋蔵量を倍増もしくはそれ以上に修正している。アラブ首長国連邦に至っては実に2.96倍，ベネズエラは2.25倍，イラクは2.2倍，イラン1.90倍，という具合である。この結果，87年末には1933億バレルの埋蔵量の増加が行われた。これは87年の世界の新規埋蔵量発見の90％に匹敵する。これを受けて，89年，サウジアラビアは同年末の確認埋蔵量を2550億バレルに上方修正を行い，前年末に比較して850億バレル増，1.5倍増とした。これはまた，同年末の世界の新規埋蔵量発見の72％に該当する。当時，世界の石油需給は供給過剰が続いており，価格維持のためOPEC（石油輸出国機構）加盟国内では生産枠の割り当てをめぐって熾烈な競争が演じられていた。埋蔵量の多寡は生産枠獲得のための強力な材料とみなされ，また産油国のステータスを示すものとされていたと思われる」(75ページ)。

ターナーほか『環境経済学入門』が，石油埋蔵量の上昇し続けたデータを示したということは，まさに政治的な上方修正をあたかも客観的なデータであるかのように見せかける結果になっている。

四つのシナリオ

いままでに示されてきた，地球の未来の四つのシナリオは，次の四種類ではなかったかと思う。a. 化石エネルギーへの依存から脱却して温暖化が防止

される。これは環境省の公式見解であるが，実現する見込みはまったくない。最近の話題としては，海水淡水化によるヨーロッパ北部の寒冷化を見込んだシナリオで，b.温暖化によって気候が変動し石油が枯渇する前に工業文明が大打撃を受けるというものである。この場合，いわゆる先進国は相互援助で生き延びるだろうが，先進国の援助がとまった開発途上国が取り残されるという影響のほうが大きいだろう。

さらに時代が進めば，c.石油の枯渇によって温暖化の原因の一つは消滅するが気候変動は防げないという帰結が見えてくるかもしれない。このときには気候変動に対処するための財源がなくなってきている。だから石油枯渇の予測をどう見込むかということが，避けられない重要事となってくる。

結局，人類は先手を打つことにすべて失敗して，d.石油以外の化石燃料によって工業文明が生き延びて，温暖化自体は防げないが被害者となる国民には有効な対処をするというシナリオが現実になる可能性が高いかもしれない。しかし，人類の環境問題に対する自己制御力がまったく強化されないままにこうした事態になるなら，「大気中炭酸ガス量の産業革命開始時期とくらべて二倍になることの阻止」という目標が達成できなくなる危険がある。

9 石油消費効率の向上
●技術の向上は資源の減少をカバーするか

検討すべきもう一つの論点は，技術の発達によってエネルギー消費効率が向上するという論点である。ターナーほか『環境経済学入門』には，「技術の変化により，一定の天然資源から，ますます多

図 3-2 技術の発達とエネルギー消費効率

(1970年=100)

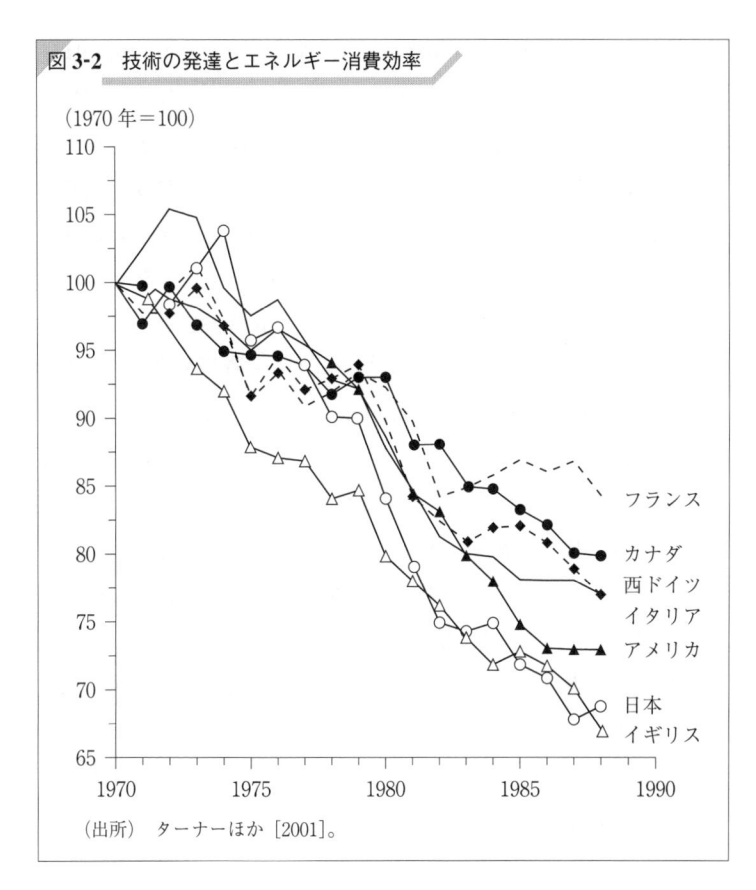

フランス
カナダ
西ドイツ
イタリア
アメリカ
日本
イギリス

(出所) ターナーほか [2001]。

くの経済活動を引き出すことができる。換言すると, 資源の生産性は時間を通じて上昇し利用可能な資源がますます存続できるようになる」(同44ページ)と書かれていて, 1970年を100とするGNPの一定単位を生産するのに必要なエネルギーが, 1990年代に日本やイギリスでは70以下になっているというグラフを掲載している(図3-2)。

コルスタッド『環境経済学入門』[2001]にも, 似たような技術

9 石油消費効率の向上　59

の進歩によって「資源はより豊かになっている」という理論が展開されている。

> 「ノーベル賞受賞者のロバート・ソローは持続可能性を，将来の世代が現在の世代と同様に豊かであることを確かなものにし，このことが永遠に続くことを保証することであると定義した（Solow, 1992）。この見解を理解する鍵は，人為的な資本（機械，ビル）や知識は，自然資本，とくに天然資源の代わりになるということである。世界のエネルギー資源を利用し尽くしていくにつれ，われわれはより少ない資源でうまくやっていく方法を開発し，また，エネルギーの利用を減らす機械や，太陽からエネルギーを取り出す機械を作り出している。
>
> この立場は，歴史上の記録によって十分に正当化される。バーネット（Barnett）とモース（Morse）の100年間の天然資源の利用についての古典的研究によれば，樹木を例外として，資源はより豊かになっているのである（Barnett and Morse, 1963）。これは，より多くの石油が自然によって作り出されたためではなく，抽出や利用の技術進歩の方がその枯渇よりも急速であるためである」(同38ページ)。

これらの理論が単なる気休めにすぎないということは，エネルギー消費効率が高くなっても，一向にエネルギー消費の総量が減っていないという事実を見ればすぐにわかる。しかも，残存の石油埋蔵量が減れば減るほど，技術開発によってエネルギー消費効率がよくなるという相関関係が成立しているわけではない。技術開発によってエネルギー消費効率がよくなっていたという過去のデータは，未来について何も予告してはいない。また，「抽出や利用の技術進歩の方がその枯渇よりも急速である」という状態がどのように変化し

ているかという変化の原因について、この「理論」はなにも触れていない。

持続可能性を維持できるような技術開発が可能であり、その開発の速度が資源の枯渇の速度を上回るという「理論」には、**技術予測**の要素が含まれている。しかし、私たち人類は、持続可能性という具体的な指標に十分見あった形での技術予測の方法を開発してはいない。現在行われている技術予測では、識者のアンケートを元に、そのデータの確実度を高めるためのさまざまな手法が開発されているだけである。

持続可能性の基礎的な設計構造のなかに技術予測を算入してよいか。この問題の根底には、技術予測は原理的に可能なのかという問いが含まれている。哲学者としては、その可能性を否定した人としてカール・ポパー（Karl Popper, 1902～94年）を挙げておいていいだろう。科学的な発見の成功は、根源的に偶然的であって、それを法則化することはできないとポパーは、『歴史主義の貧困』で主張した。

10 核融合制御技術の開発の可能性
● 「開発時間短縮の法則」は存在するか

しかし、技術予測の「法則」と称される理論もある。いつどこで生まれたのかは知らないが、「技術開発の可能性を示す原理の発見とその応用例の開発の時間差は短縮される傾向にある」というのである。これは大変有名な「法則」だが、誰かが責任をもって主張したという類のものではないらしい。科学者の間の話題として世界的に流通している。私はノーベル物理学賞の受賞者から直接に聞かさ

れたこともある。

その証明は、「エルステッドが電流の磁気作用の原理を発見 (1820年) してから、フレミングなどが発電機を開発 (1885年) するまでに65年を要したが、アインシュタインが相対性原理を発見 (1916年) してから原子爆弾が製造 (1945年) されるまでに29年を要している。原理の発見と応用技術の開発の時間は短縮している」というのである。

このような実例を学生に枚挙してみなさいという課題を出すとさまざまな面白いことがわかる。たとえばメンデルの法則は二度発見されている。メンデル自身の発見の日付とメンデルの発見が発見された日付とである。どちらを採用すべきかという問題が起こる。エルステッドの電気の原理を最初に実用化したのは誰かという問題にも、たくさんの回答例が浮かび上がってくる。

日本で原子力発電が開始された1957年当時、この開発に反対する人々から「核廃棄物の処理をどうするのかという展望がない」という批判が出された。そのとき開発を支持した人々の基本的な見解は「どんなに遅くとも1985年までには核融合の制御技術が開発されるだろう。なぜなら原理の発見とその応用例の開発の時間差は短縮されるのだから」という内容だった。私は開発で指導的な役割を果たした物理学者に直接に会って聞いて確かめた。

しかし、現在にいたっても核融合の制御技術は開発されていない。技術の現段階については、「30年後に実用化に必要な技術的なデータがそろうだろう」（狐崎・吉川［2003］）というのが、最も好意的な見方である。うまくいっても石油の枯渇の時点に間に合わない。

「原理の発見とその応用例の開発の時間差は短縮される」という法則が存在するとしたら、核融合の制御技術はその影響力において

最大の例外となるだろう。「原理の発見とその応用例の開発の時間差は短縮される」という「法則」がそもそもデータの恣意的な配列によって作成された気休めのための話題にすぎないのである。

11 エネルギー問題の最後の出口
●再生可能エネルギーへの転換

エネルギー問題の最後の出口について，四つのシナリオを描いてみよう。

(a) あらゆる化石燃料を使い果たしてから，自然エネルギーに転換する

(b) 化石燃料の利用を停止して，直ちに自然エネルギーに転換する

(c) 化石燃料の利用を抑制して，徐々に自然エネルギーに転換する

(d) 核融合反応によってエネルギーを得る

このなかでほとんど実現されないと思われるのは，(b)化石燃料の利用を停止して，直ちに自然エネルギーに転換するというシナリオだが，私はこれが最善だと思う。

再生可能エネルギーについては，太陽光発電や風力発電は，**エネルギー密度**が 20 kWh/m² 程度で，それは家庭の消費密度の3分の2であり，バイオマス発電のエネルギー密度は 2 kWh/m² 以下である。石炭火力と原子力発電は，9560 kWh/m² と 1 万 2400 kWh/m² で，太陽光発電の 500 倍，バイオマス発電の 5000 倍というデータがある（エネルギー教育研究会編［2000］）。ウィルソン（E. O. Wilson）が推薦するように，未知の生物種に遺伝子操作を行って利用したと

Column ハンス・ヨナス

ハンス・ヨナス（Hans Jonas, 1903～93年）はドイツ生まれのユダヤ人。フッサール，ハイデッガー，ブルトマンに師事し，哲学，神学を研究。『グノーシスの概念』で学位取得。1933年，ハイデッガーがナチスに賛同すると，イギリス，パレスチナ，カナダ，アメリカへと移住。1955年から76年まではニューヨーク社会調査新大学教授。1979年主要著作である『責任という原理』（*Das Prinzip Verantwortung*, Frankfurt/M. 邦訳・加藤尚武監訳［2000］東信堂）を出版。ドイツ平和賞をはじめ数々の賞を受賞。ハナ・アレントは最良の友人である。1993年2月5日没。

ヨナスは彼の著作『責任という原理』に「科学技術文明のための倫理学の試み」という副題を付している。出発点は地球的規模のエコロジー的・技術的破局の可能性である。①解き放たれたプロメテウス——現代技術の累積的・共働的結果は，全地球の上に，未来の世代へと広がっている。しかもそれを使用する人の意図や目的とはかかわりなく。化学肥料のような一見慈善的な技術もまた自然の秩序を侵害し，人間の種の存続を危うくしている。②パンドーラの箱——ヨナスは現代の生命科学の本質を「事実的仕立て直し」にあるとする。人間自身にも向けられたこの技術の能力が，「人間は存在すべきかどうか」「何故人間は進化が生み出したように保存されているべきなのか」という形而上学的問いを突きつけているとする。

ヨナスは非ユートピア的「未来倫理」——未来を配慮する現在の倫理学——を提示する。①「人間は存在すべきである」。ヨナスは，未来倫理の第一の原理は形而上学にあるとし，人間の存在論的理念を基礎づけ，そこから義務を導出する。②「自然をそれ自身のために維持せよ」。生命過程，進化過程は全体として，自然の存在が目的論的に生じるということを示している。ヨナスに従うと，目的性は善それ自体である。③「君の行為の諸結果がこの世での真の人間の生の永続性と折り合うように行為せよ」。ヨナスは世代間倫理の基礎づけとして責任の原理を説く。私たちがそのうえに力を及ぼす事象に対する責任，管理者としての配慮責任である。

しても，生物資源の効率には絶対的な限界があるようだ。

枯渇する資源・化石燃料に現代工業が依存しているということが，

さまざまな軍事紛争の原因となり，化石燃料の消費が温暖化を引き起こすだけでなく地球上の炭酸ガス量の危険な増加を招いてもいる。化石燃料を使うこと自体を止めるという長期的な展望を達成することが，人類が平和的に生き残るための最終的な可能性である。そうした平和な生き残りの可能性への道を着実に人類がたどること，それが現代の希望であるが，その道はきわめて厳しい。

★ 参考文献

環境と開発に関する世界委員会編（大来佐武郎監修）［1987］『地球の未来を守るために（*Our Common Future*）』福武書店。

森村進［1997］『ロック所有論の再生』有斐閣。

J. S. ミル（末永茂喜訳）［1959-63］『経済学原理』岩波文庫。

E. F. シューマッハー（小島慶三・酒井懋訳）［1986］『スモール・イズ・ビューティフル』講談社学術文庫。

A. ドブソン編（松尾眞・金克美・中尾ハジメ訳）［1999］『原典で読み解く環境思想入門』ミネルヴァ書房。

ドネラ・H. メドウズ，デニス・L. メドウズ，ヨルゲン・ランダース（茅陽一監訳，松橋隆治・村井昌子訳）［1992］『限界を超えて』ダイヤモンド社。

小山茂樹［1998］『石油はいつなくなるのか』時事通信社。

R. K. ターナー・D. ピアス・I. ベイトマン（大沼あゆみ訳）［2001］『環境経済学入門』東洋経済新報社。

C. D. コルスタッド（細江守紀・藤田敏之監訳）［2001］『環境経済学入門』有斐閣。

K. ポパー（市井三郎訳）［1957］『歴史主義の貧困』中央公論社。

狐崎晶雄・吉川庄一［2003］『新・核融合への挑戦』講談社ブルーバックス。

エネルギー教育研究会編［2000］『講座現代エネルギー・環境論（改訂版）』電力新報社。

H. Daly [1977], *Steady State Economics*, Freeman ; second edition, Island Press, 1991.

ポール・ロバーツ（久保恵美子訳）［2005］『石油の終焉』光文社。

谷口正次［2005］『入門・資源危機』新評論。

高坂節三［2005］『国際資源環境論』都市出版。
トビー・シェリー（酒井泰介訳）［2005］『石油をめぐる世界紛争地図』（原題『石油——政治・貧困・惑星』）東洋経済新報社。
柴田明夫［2006］『資源インフレ』日本経済新聞社。

第4章 文明と人間の原存在の意味への問い

水俣病の教訓

本章のサマリー

近年，地球環境問題がさかんに論じられ，「公害」という言葉があまり使われなくなった。公害の時代は終わった，というのだろうか。そうではない，と思う。むしろ「公害」概念を再評価し，再定義する必要がある。また，環境倫理学は人間中心主義を批判して，人間中心主義の克服と近代文明総体の乗り越えを求める。しかしそのとき，「人間」ということで何が理解されているのか。

「公害の原点」水俣病は，強い人間と組織が弱い人間・弱きものたちの存在を無視するという構造が，私たちの社会と文明そのものに内在化されているのではないか，ということを問いかけてくる。石牟礼道子さんの言葉を借りるならば，「水俣病は文明と，人間の原存在の意味への問い」（石牟礼［1972］）なのである。

本章で学ぶキーワード

公害輸出　　公害　　主体構成原理としての「責任」　　食物連鎖
生物濃縮　　疫学的因果関係　　間接反証責任論

1 「公害から環境問題へ」？

● 「公害」概念の再評価

>公害は終わったのか

　人間の偉大さは，失敗から学び，過ちによって学び直すことができる点にある。そして人間の高貴さは，犯した過ちを謝罪し，罪を赦し，互いに壊れた人間の関係を取り戻そうと努めることにある。私たちは水俣病事件によって，私たちが人間のこの偉大さを忘却することがないか，人間のこの高貴さを裏切ることがないか，問い尋ねられているのである。

　すでに明治時代に社会問題となった足尾鉱毒事件は，滅亡させられた谷中村の名と，谷中の民衆を救おうとした稀有な政治家・田中正造の名とともに，私たちの脳裏に刻まれている。この足尾鉱毒事件は「公害の原点」と呼ばれることが多い。しかし，水俣病事件もしばしば「公害の原点」と呼ばれる。旧憲法下で起こった出来事と，新憲法下で起こったそれが，構造上あまりにも類似していることは，まことに驚きである。私が人間の偉大さと高貴さについて語りはじめたく思ったのは，この類似性に恐れおののくからにほかならない。

　戦後復興に立ち上がり，やがて高度経済成長政策の道を邁進するなか，1960年代後半の日本は，四大公害裁判に象徴される公害大国となった。しかし1973年のオイル・ショックを境目とし，80年代に入ってますます，いまや公害ではなくて環境問題，地球環境問題だと喧伝されるようになった。高度消費社会の進展のなか，産業界の技術戦略も「重厚長大」から「軽薄短小」へと転換することによって，環境破壊との直接的な関係が希薄化したかに見えた。そう

なると環境問題は、市民一人ひとりの問題であって、それが政治の重要課題となり国際間の審議事項となるとしても、結局は「地球にやさしい」振る舞いこそが重要であり、場合によっては「清貧の徳」が大切なことと論じられたりする。このような歴史認識を前提にして、いまや環境倫理学の出番だと主張することは、私たち自身の経験から何も学ばなかったに等しいだろう。

　たしかに日本の都市、河川や大気は、1960年代に比較して美しさを取り戻したようにみえる。しかし表面的にそう見えても、汚染がむしろ深く、複雑に潜伏してきていることは、環境ホルモン問題や地下水汚染が例証しているだろう。また、**「公害輸出」**の実態を無視してはならない。公害裁判などをとおして、日本国内では公害規制の法律がたくさん整備されてきた。厳しくなった規制を逃れて、規制のゆるい東南アジア諸国に工場移転し、そこで公害をたれ流す。これが公害輸出の一つの典型だが、さらには廃棄物輸出や国内消費のための国外森林破壊なども公害輸出である。こうした公害輸出を無視して地球環境問題を論じる資格はない。「公害から環境問題へ」という歴史認識は、問題の核心を見失う危険性と、現にある公害およびその派生形態（「公害輸出」を含めて）の存在を隠蔽する欺瞞性に満ちている。

公害とは何か

　ではいったい、「公害」とは何か。1993年に成立した環境基本法には、1967年に制定された公害対策基本法の公害の定義が、ほぼ同じ表現で踏襲されている。それによると「公害」とは、「環境の保全上の支障のうち、事業活動その他の人の活動に伴って生ずる相当範囲にわたる大気の汚染、水質の汚濁、土壌の汚染、騒音、振動、地盤の沈下及び悪臭

によって，人の健康又は生活環境（人の生活に密接な関係のある財産並びに人の生活に密接な関係のある動植物及びその生育環境を含む）に係る被害が生ずることをいう」（動植物についての言及も，公害対策基本法に含まれていた）。

ここで重要なことは，「被害」が起こることによって，あるいは「被害」としてとらえられることによって，環境汚染・環境破壊ははじめて「公害」として問題視されるということである。言い換えると，人的な被害と加害の関係が明瞭でなければ「公害」にはならない。そこで私は，次のように公害を再定義してみたい。すなわち，「公害」とは，比較的明瞭に因果関係と責任関係が確定できる環境汚染・環境破壊による人的被害であり，人の生活の安全性・安寧性の阻害である，と。

環境倫理学の立場からみると，公害が人の健康や生活環境，あるいは人的被害にかかわっているかぎり，環境問題の「公害」としてのとらえ方は，どこまでいっても人間中心主義にみえる。しかし，のちに水俣病について論じるように，公害が環境汚染・環境破壊である以上，実際には人的被害だけの公害などありはしない。人の被害の前には自然界の異変が先行し，人の被害は自然の病変の帰結にすぎない。また，人的被害も単なる健康被害だけではなくて，生活環境の被害であり，水俣病事件に典型的にみられるように，それは端的に生活破壊および共同体破壊を意味している。「公害」の概念は，被害者と加害者との紛争関係という法的関係の枠組みないしモデルから環境問題をとらえているのであって，もともと生態学的概念ではない。この制限ないし狭隘さを自覚したうえでなら，そして人間にとっての環境とは単純に自然ではないし，単純に社会でもなく，むしろ「自然と社会」の二元論の手前にある生活世界であると

みるならば、「公害」概念がきわめて有効な意味を備えていることにあらためて気づく。

私は、「比較的」明瞭に因果関係と責任関係が確定できる環境汚染・環境破壊……という言い方をした。「比較的」とは、もちろん程度問題だということである。しかしまたそれは、因果関係と責任関係が「絶対に」確定できない、ということを全然意味しない。むしろ私たちは、本当のところ何が原因なのか、何が責任で、誰が、あるいは何が責任を負うべきなのかを、そのつど問題にしうるし、しなければならないということだ。そうしなければならないのが環境問題であって、その意味であらゆる環境問題は公害である。そしてあらためて考え直さなければならないのが、因果性と責任の概念である。まず因果性については、その要素還元主義的な把握を脱却して、生態学的因果性の概念を考えること、また、責任の概念に関しては、単なる法的責任（賠償責任）の概念を超え、既成の制度的枠組みを超えうる責任の概念を考えなければならない。あらかじめ主体が存在していて、その主体が責任を負う、というよりは、出来事の責任関係が主体を構成してくるような、そのような**主体構成原理としての「責任」**を考えなければならないだろう。

いまや地球環境問題だ、と聞かされるとき、あたかも人類がみな平等に加害者であり、かつ被害者であるかのような幻想に陥り、平等に「生き残り」の問題の前に立たされているかのように錯覚する。しかし、環境汚染・環境破壊の被害は、平等には起こらない。生物的な意味および社会的な意味での弱者にまず起こり、そこに集中するし、特定の生活形態の人々に集中する。胎児、子ども、女性、老人、病人、貧困者にまず起こり、自然と密着した生活をする人々に集中する。水俣病事件においては、胎児性水俣病が起こり、自然と

共に生きる漁民たちに集中した。地球環境問題とは、露骨な言い方をすれば、弱者が滅んでゆき、強者が生き残っていく長時間にわたってのプロセスなのである。環境倫理学の一つの眼目は「人間中心主義批判」だという。しかし、そのとき「人間」ということで何を考えているのか。水俣病事件にかかわった人の多くが、企業や行政の「人を人とは思わない」振る舞いにこそ、水俣病の根本の原因があったと実感し、主張してきたのである。

では、「公害から環境問題へ」というとらえ方には何の意味もないのだろうか。実は、「環境」についての認識と眼差しが深化することによって、「公害から環境問題へ」は新しい意味をおびてきたのだ。水俣病事件に典型的に見られるように、失われた人命と健康と自然は元に戻らない。「環境への負荷」は不可逆的な被害と「犠牲」をもたらしうるのであり、そうなると後からどれだけ補償がなされ、処置がなされても何にもならない。だから私たちは、環境への負荷を減らし、環境に配慮する生き方と社会を追求しなければならない。つまり、「公害から環境問題へ」というのは、「事後救済から事前予防へ」と基本政策を転換すべきことを告げるものと解さなければならない。そのことを、私たちは水俣病事件から学ぶのである。

2 水俣病の原因企業と原因究明

●政府見解までの 12 年

熊本県水俣湾沿岸を中心に起こった「水俣病」は、世界で最初の環境汚染による有機水銀中毒（メチル水銀化合物によって汚染された魚介類を食べることによって起こる食中毒であり中毒性脳症・神経疾患）で

ある。発見は公式には1956年とされているが，発症はそれより数年遡るし，1942年にすでに発生していたという研究もある。やがて1964年には同様の有機水銀中毒が新潟県阿賀野川流域に発生したが，これは「第二水俣病」とか「新潟水俣病」と呼ばれる。そしてさらには，九州有明海沿岸に発症しているとの疑いが生じ，「第三水俣病」と呼ばれて，類似の化学工場をかかえる日本全域に水銀パニックが走ったのが1973年のことだった。現在では「水俣病」(Minamata Disease) の呼称は，環境汚染による有機水銀中毒症の一般的な病名として世界的に使用されている。ブラジル，カナダ，中国などで水俣病が確認されており，日本の水俣病の研究と事態の解決の仕方が，今後とも世界の注目を集めつづけるだろうし，私たちにはそれに応える責任がある。

原因企業——チッソ

水俣病事件を理解しようとする場合，ぜひ注意しておかなければならないことの一つは，原因企業がいずれも，単なる地方の小さな企業なのではなくて，日本を代表する巨大化学企業だということである。新潟水俣病の原因企業は昭和電工だが，この企業の名前は1989年にアメリカで起こったトリプトファン事件（不眠症やうつ病を改善する健康食品として売られたL-トリプトファンが好酸球増加・筋肉痛症候群を発症させた）をとおしていっそうよく知られるようになったし，記憶にも新しいだろう。

　水俣病（以下とくに断らないかぎり「熊本水俣病」をさす）はチッソ株式会社（以下「チッソ」と略称）を原因企業としている。チッソは1908（明治41）年，水俣の地に日本窒素肥料株式会社として発足し，カーバイドから石灰窒素を生産し，やがて大正期には，アンモニア

から硫安へと生産を展開し、さらには1932年にアセトアルデヒド、41年には日本ではじめて塩化ビニールの生産開始を行った。

これら一連の電気化学工業の展開のなかで、やがてアセトアルデヒド生産が水俣病につながっていくわけであるが、日本による朝鮮半島の植民地支配下、1927年には朝鮮窒素肥料㈱を設立し、やがて正規の従業員だけでも3万4000人の規模に達することによって、傘下企業を48社も数える昭和の大財閥「日窒コンツェルン」を確立することに寄与した。こうして日本窒素肥料は、三菱重工、日本製鉄につぐ巨大企業として、文字どおり日本を代表する企業となり、東京帝国大学卒業生を中心とするエリート技術者たちの憧れの会社となったのである。

戦後の水俣工場は、朝鮮工場からの引揚げ従業員を大量にかかえ、会社と工場の幹部も引揚げ組で占められた。一部は旭化成（日窒が延岡に設立した日本ベンベルグ絹糸が戦後の財閥解体によって独立）、積水化学（チッソ製品販売会社である積水産業が出発点）として独立しながら、1950年、企業再建整備法によって新日本窒素肥料株式会社として改名再発足し、引揚げ技術者たちの再起の夢に駆られていた。戦後のヒット商品となったのが、塩化ビニールの可塑剤原料オクタノールであり、水俣工場は、オクタノール生産のために、その原料であるアセトアルデヒドをフル回転で生産した。それは無機水銀である硫酸水銀を触媒とする化学反応のプロセスだったが、その反応の過程で有機水銀と化したものを含む多量の廃水が排出され、それが水俣湾と不知火海（八代海）を汚染したのである。

戦後一貫して電気化学にこだわり続けたチッソは、1962年、千葉県五井に石油化学の工場（チッソ石油化学株式会社）を建設し、遅まきながら石油化学への転換を開始した。しかし、もはや窒素肥料

の生産が主体ではなくなっていたこの企業は、なおも電気化学と窒素への誇りをもって、1965年、チッソ株式会社と再び社名変更を行った。やがて1968年5月、水俣工場ではアセトアルデヒドの製造が停止され、電気化学の時代が終わりを告げる。全国にある7社8工場でのアセトアルデヒド製造停止と、石油化学への転換を待って、日本国政府が、水俣病をチッソのアセトアルデヒド酢酸設備内で生成されるメチル水銀化合物による公害病と認めたのは、その同じ年の9月26日だった。なおチッソの現在の主力はファインケミカルズにあり、液晶材料のリクソン生産では世界の半数を占めているほどの技術力をいまも誇ってはいるが、水俣病事件のために莫大な負債をかかえ、実質、倒産状態に近いのも事実である。

困難を極めた原因究明

1956年5月1日、チッソ付属病院長・細川一博士は、「原因不明の中枢神経疾患が発生している」と水俣保健所に届け出た。これが水俣病のいわゆる「公式発見」の日とされている。運動障害、言語障害、さらには狂躁状態を主な症状とする子どもが、次々と4人入院してきたのである。同月下旬には「水俣奇病対策委員会」が発足し、調査の結果、30名の患者が確認された。

しかし、水俣湾の環境破壊そのものは、すでに大正時代から始まっていた。水俣湾一帯の不知火海沿岸は、元来とても豊かな漁場であり、魚たちの産卵の場所にもなっていたが、カーバイド残渣の流出とヘドロによる漁業被害が、すでに大正時代に漁民たちによる補償要求となったし、その後も何度か類似の補償協定が繰り返された。しかし、そのたびにチッソが支払ったのは「見舞金」だった。水俣はチッソが君臨するチッソ城下町だったのである。

やがて漁民たちは、さまざまな環境の異変に気づきはじめていた。1949年頃から水俣湾内での漁獲高は激減し、やがて猫の「おどり病」が発生し、鶏・犬・豚の狂死、カラスの乱舞・墜落が観察されるようになっていた。人間が病を得るまえに、自然界に異常が起こっていたのである。民衆の経験と知が、科学的な知と媒介されることがないままに、当の民衆は「奇病」患者として「対策」を講じられる対象と化した。残念ながら、当時の日本の生態学は十分に発達しておらず、**食物連鎖**による毒性の**生物濃縮**というメカニズムも一般的知見にはなっていなかった（水俣病はまさにこのメカニズムによるものが中心であって、近年注目されているダイオキシン汚染に対する日本政府の取組みの遅れが、生物濃縮の線を無視してきた点に起因することは、水俣病事件から学ばなかった証拠だといわざるをえない）。ただし、仮に当時生態学が十分に発達していたとしても、どれほど原因究明に寄与できたかは心許ない。日本の学問体制は縦割り行政と似ているし、現実社会との接点を求める意欲にも乏しいからである。

以後、原因究明にあたっては、熊本大学研究班が素晴らしい能力を発揮したが、あまりにも時間がかかりすぎた。最初は感染症が疑われたが、6ヵ月後には水俣湾産の魚介類による中毒と判明。1959年7月、原因物質として有機水銀説が提出され、63年にはチッソ工場内のスラッジ（汚泥）と貝からメチル水銀を抽出することに成功し、有機水銀説が学界で確定された。しかし政府が原因を明言して水俣病を公害病として認定したのは1968年9月であり、公式発見から12年も経っていた。

この間、チッソはアセトアルデヒドを製造しつづけ、原因究明に協力しないばかりか、工場で使用しているのが無機水銀であると主張して、有機水銀説に反論さえした。ところが、1959年10月の細

川一付属病院長による猫実験（有機水銀説の検証）を隠蔽したし，実際には，アセトアルデヒド製造工程での有機水銀生成をチッソ技術者たちが知っていたことも，現在，工場内部資料の分析から明らかにされている。また，御用学者たちによるいくつかの異説の提出もあり，事態を混乱させた。

　一つの重大な問題は，病理学的な意味での要素的原因物質（「病因物質」）を，被害者側にいる研究者たちが製造工程のメカニズムにまで踏み込んで究明しなければならなかった，ということである。そのために漁業規制も，チッソの操業停止もできなかった。また，1959 年の有機水銀説および漁民たちとの紛争（漁民闘争）の結果，12 月にチッソは排水浄化装置を設置したが，これは水銀除去効果をもたず，しかもそのことをチッソは知っていた。これらの結果，被害は確実に拡大していったのである。

3　水俣病の「原因」とは何か

●無視された「食中毒」

企業の義務とその無視の構造

　原因究明の経緯についてだけでも，まだまだ知っておかねばならない事実も多い。しかし，考えてみれば，大切な事柄は実に単純である。企業活動は他者に危害を与えることがあってはならない，というただ一点である。そのために企業は絶えず注意しなければならず，そしてもし危害を与えることをしてしまったときには，その危害の原因をみずから解明し，解明できるまで直ちに企業活動を全面停止し，もって危害の拡大を速やかに防止しなければならない。ところが，こんな単純な要点が，企業活動にとって絶対必要な義務

として認識されずに，いとも簡単に無視されてしまった。それが水俣病事件である。

　しかし，それが無視される構造そのものは，きわめて複雑である。ある意味でチッソとその周辺のありようは，明治以来の日本の近代化の象徴である。遅れてきた資本主義国としての日本の近代化は，民主化の不徹底なまま，富国強兵・殖産興業の面での急激な進展のなかにさまざまなひずみをかかえていった。やがて日本は日中戦争，太平洋戦争と破局への道を歩んだわけだが，似たようなひずみがチッソの発展のなかにも蓄えられていた。昭和の新興財閥として一歩遅れてきたチッソは，戦後は植民地時代の栄光にとらわれ，やがて電気化学から石油化学への転換にも出遅れ，その転換への跳躍台のために，アセトアルデヒドの無理な生産に邁進した。もちろんそこには一貫して政治と財界との癒着の構造もあった。また，「職工は牛馬と思って使え」とはチッソの創設者・野口遵の言葉であるが，この言葉はそのまま朝鮮窒素の管理構造となり，水俣工場と水俣の町そのものも，同じ植民地支配の構造をもっていた。「会社ゆきさん」とそうでないもの，社員と工員，正規労働者と臨時工，それらの格差のなかで頻発する工場内労働災害，さらには伝統的な漁民に対する差別と地域住民の自治組織を利用する地方行政，そして政治やマス・メディアなどあらゆる面での中央と地方の格差。これらのいっさいを背景として水俣「奇病」は引き起こされ，隠蔽され，拡大された。そしてまた，これらのいっさいを背景として不知火漁民たちや自主交渉派の人々の抵抗を封じ込め，排除することに成功したのである。

　典型的な企業城下町としての水俣では，「チッソあっての水俣」と人々は長く信じ込まされてきた。しかし，社会的条件はもちろん

のこと，自然的立地条件の面でも，チッソは水俣の地ゆえに存立しえたのである。化学工場にとって「水は命」といわれる。チッソは早くから水俣川の取水権を独占し，豊富な水資源がありながら，逆に水俣市民は高い工事費による水道料金の引上げに耐えてきた。工場周囲には，まるで城の堀のように排水溝があり，いまは水銀ヘドロを覆うため広大な埋立て地と化した水俣湾百間港の先端まで延ばされて，現在も廃水が排出されている。化学工業は自然の水と空気を〈物質代謝〉することによって成立しているのであって，チッソ水俣工場は，水俣川という取水の利便と，水俣湾・不知火海という排水の利便によって存立してきたし，いまも存立している。ところがチッソは，ちょうど隣接する漁民たちの存在を忘却・無視するのと同様に，みずからを存立させている川と海と大気の存在を忘却・無視し，それら自然が〈社会〉の存在を支え，同じ一つの世界を形成し，私たちの生活世界を形成していることを忘却・無視してきたのである。だからチッソが破壊したのは生態系そのものであって，水俣病発生は，その一環なのである。

汚悪水論と食品衛生法の不適用

以上のことを念頭に置いてあらためて問えば，そもそも水俣病の「原因」とは何か。まず，原因究明に関しては，第一次訴訟の際に弁護団が論じた「汚悪水論」が想起される。チッソ工場周辺の人々は，工場からの排水を清潔無害な流水とみていたわけではなくて，悪臭をともなう無気味な廃液を早くから「汚悪水」と呼び，チッソに抗議する際にも，そう呼んできた。汚悪水論を支えるのは，1972年のイタイイタイ病訴訟の控訴審判決（原告勝訴）が行った**「疫学的因果関係」**の重視と，1971年の新潟水俣病判決（原告全面勝

訴)での「間接反証責任論」である。

疫学的因果関係とは、疾病の多発にあたって、集団的な流行の特性を調査することによって解明される因果関係であり、病理学的な原因(「病因」)の解明に先だって、集団的発病の因果関係を推断するものである。近代的疫学調査の原型と呼ばれるのは、1854年のジョン・スノー (John Snow) によるコレラ流行調査であるが、ロンドンでのコレラ流行に際して綿密に調査したスノーは、その原因が共同利用されている一つの水道栓にあることを突き止めた。実は狭義の原因(「病因物質」)としてのコレラ菌がコッホ (R. Koch) によって発見されるのは、その30年後なのだが、スノーの疫学調査による発生源の確定は、それ以上の流行を抑えることに成功したのである。この考え方に従うならば、公害の原因究明と法的責任の追及は、排出物総体と結果との間に因果関係があれば足りるのであって、排出物のなかのいかなる特定物質が原因であるかということまではっきりさせる必要はない、ということになる。さらに間接反証責任論の考えによると、汚染源の追及がいわば企業の門前にまで到達したならば、原因物質の排出については、むしろ企業側において、自己の工場が汚染源にはなりえない理由を証明できないかぎり、事実上すべての法的因果関係が立証されたことになる。

水俣においては、熊本大学研究班による疫学調査と猫実験など(さらに決定的な、細川病院長によるアセトアルデヒド工程廃液の直接投与による猫発症検証があったが)によって、「総体としての汚悪水」の原因性と到達経路は立証されていたし、「企業の門前まで」きたその立証のあとは、むしろ企業みずからが反証できなければ責任を免れえないとすべきだったのである。なぜ被害者の側に立つ者が、原因(病因)物質まで特定しなければならないのか。なぜ企業は、被害

者の側に立つ者が原因（病因）物質を特定するまで，操業を続けることが許されるのか。

　そもそも，ある特定の問いかけに応じてのみ一定の因果性が発見されるのであって，しかも因果性には，程度問題というべき次元が含まれている。つまり，因果的説明の詳しさの度合いや広さの度合いは「客観的」なものではなくて，理論的に分節可能な「問題設定の射程」によって規定されている。そして「問題設定」の枠組みは，実践的な関心に規定されてもいるのである。

　水俣病の被害拡大の防止という関心から見るならば，魚介類が病の「原因」であると判断された段階で，当時の食品衛生法に従って熊本県知事は水俣湾産魚介類の摂食を禁じるべきだったのである。先に，「最初は感染症が疑われたが，6カ月後には水俣湾産の魚介類による中毒と判明」と述べたが，1956年10月に開催された熊本医学会および11月の熊大研究班による研究報告会において，水俣病が伝染病ではなく，魚介類による食中毒であることがほぼ断定された。「病因物質」としてはマンガン，タリウム，セレン等の物質が疑われ，やがて1959年7月，熊大研究班によって有機水銀説が公表されるや，チッソは反論し，さらには日本化学協会の大島竹治による爆薬説や，東京工大の清浦雷作および東邦大学の戸木田菊次によるアミン説が提出され，原因究明が意図的に攪乱された。しかし，最初にマンガンが疑われてから一貫して，食中毒であることを誰も疑っていない。しかも熊本県衛生部はもっと早期に食中毒との認識をもっていたことが推測される。ところが，熊本県の（本来は必要のない）問い合わせに対して1957年9月，厚生省は「水俣湾内特定地域の魚介類のすべてが有毒化しているという明らかな根拠が認められない」という，通常の食品衛生行政では考えられない奇妙

な理由で食品衛生法の適用を否定したのである。

　通常の食品衛生行政にあっては,「病因物質」(細菌, ウイルス, 化学物質, フグなどの自然毒ほか) が解明されていなくても,「原因食品」(水俣病では魚介類) がわかればその食品の販売や販売のための採取・流通等を禁じなければならない。病因物質が解明されるまで待っていたならば, 患者が増加するばかりだからだ。さらに行政には, 問題の食品を食べた人をすべて調査する責務がある。疫学的には, 原因食品を食べて食中毒関連症状を発症した患者, つまり「曝露有症者」がそのまま食中毒患者であって, そもそも食品衛生行政にあっては, 患者の認定申請や認定審査など通常行われないし, 必要ない。ところが結局, 水俣病は, 食中毒事件でありながら, 行政による全面的な疫学調査がまったく行われず, 被害対策のまっとうな措置がとられなかったばかりか,「未認定」患者を大量に生み出す「認定制度」の枠組みに取り込まれてしまったのである。

4 認定制度の問題性と司法・政治システムの限界
　　　　　　　　　　　　　　　●水俣病は終わらない

　1959年8月の水俣漁協による「第一次漁民闘争」, 同年10月からの県漁連による「第二次漁民闘争」から, 被害漁民たちと加害企業チッソとの間に紛争関係が生まれた。しかし被害漁民たちがむしろチッソと町を破壊する「暴徒」と決めつけられるような水俣の町の状況にあって, 同年12月30日, 水俣病患者家庭互助会がチッソから得たのは「見舞金契約」だった。すなわち, 成人死者の場合, 発病から死亡までの年数に10万円を乗じた額に弔慰金30万円を加算し, 子どもの場合は年3万円とする, などといった契約内容に,

「将来水俣病が工場排水に起因する事が決定した場合においても，新たな補償金の要求はいっさい行わない」ことを約束させられたのである。

無視された水俣病の全体像

この時点で，見舞金契約の受給資格の根拠となるべく，いわゆる認定制度が動き出した。やがて政府見解以後，厚生省が第三者機関を設けて調停に乗り出し，患者たちはそれに一任する一任派と訴訟派（1969年第一次訴訟，112人）に，さらには自主交渉派にと，分裂していった，あるいはむしろ分裂させられていった。そして裁判も早期救済と補償の拡大を求める1973年の第二次訴訟（60人），国家責任をも問う80年の第三次訴訟（1377人），さらに82年関西訴訟（68人），84年東京訴訟（425人），85年京都訴訟（140人），88年福岡訴訟（53人），さらに各種行政訴訟など多数にのぼっている。

この事態は，結局は認定制度（1969年以後は公害被害者救済法に基づく）がもたらした結果だったといえるだろう。実は熊本大学研究班が水俣病の原因を有機水銀とするにあたって参考となったのが，1937年にイギリスの農薬工場で種子殺菌剤製造中に起こった有機水銀中毒の症例報告だった。これはハンター（D. Hunter）およびラッセル（D. S. Russell）によって報告されているので，ハンター・ラッセル症候群と呼ばれ，感覚障害，運動失調，言語障害，求心性視野狭窄，聴力障害などの症候群を表している。水俣病の認定基準は基本的にはずっとこのハンター・ラッセル症候群に従ってきたのである。しかしここに重大な問題があった。ハンター・ラッセルの症例は，労働者が有機水銀を皮膚および気道をとおして直接浴びる急性の直接中毒であるのに対して，水俣病は食物連鎖を通じた食中毒

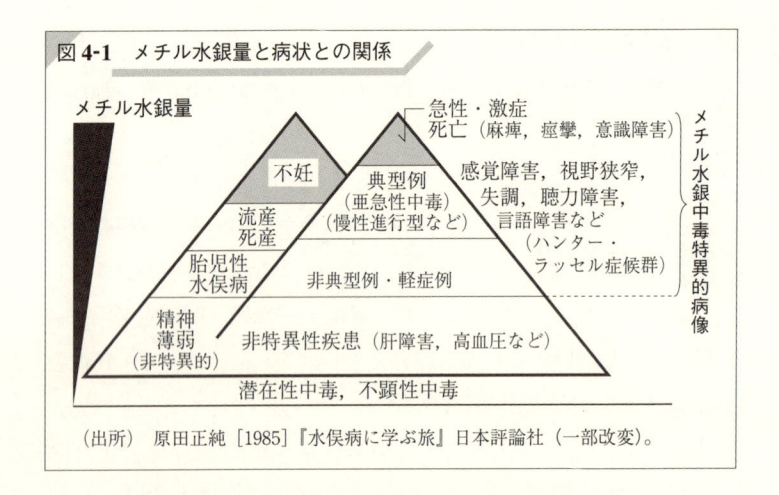

図 4-1 メチル水銀量と病状との関係

```
メチル水銀量                急性・激症
                           死亡（麻痺，痙攣，意識障害）
              不妊    典型例           感覚障害，視野狭窄，
                   （亜急性中毒）      失調，聴力障害，
              流産  （慢性進行型など）   言語障害など
              死産                  （ハンター・
            胎児性                    ラッセル症候群）
            水俣病        非典型例・軽症例
          精神
          薄弱       非特異性疾患（肝障害，高血圧など）
         （非特異的）
                   潜在性中毒，不顕性中毒
```
（メチル水銀中毒特異的病像）

（出所）原田正純［1985］『水俣病に学ぶ旅』日本評論社（一部改変）。

であり，患者も成人ばかりか，胎児，幼児，女性，老人，病人と多彩だし，魚介類の摂取量もさまざまである。労働災害とは異なって，環境汚染被害は，自然生態・社会生態の相違に応じて多様であり，きわめて個性的である。したがって，水俣病患者をハンター・ラッセル症候群で枠づけることは，そもそも無理だったのである。

図4-1は，原田正純氏の作成したものであり，この図が水俣病の病像の全体をよく表現しているであろうが，不妊や流産の実態を含めて，こうした水俣病の全体像は，実は十分には調査・研究されていないのである。国・行政が不知火海沿岸住民を徹底検診する必要が，いくつかの節目で何度もあったにもかかわらず，それが行われずにきたのである。

政治解決（？）への道

多量の裁判と未認定患者（表4-1）の問題は，司法と行政のシステムの根本的欠陥をも露呈させた。法的手続きによる訴えによってのみ司法は動き出し，

表 4-1 水俣病認定申請患者状況（1995年12月31日現在）

	申請実件数	認定者数（死亡数）	棄却件数	未処分数
熊本県	13,479	1,773 (980)	10,774	922 (137)
鹿児島県	4,015	487 (216)	3,326	202 (27)
新潟県	2,000	690 (300)	1,304	6

法的拘束力は当事者間にしか働かないから，訴訟人以外の被害者を無視せざるをえない。しかも日本の司法権力はしばしば行政権力より弱い。大量の訴訟人を速やかに扱う能力にも限界がある。また，「未認定」患者を多量に生み出したのは，そもそも行政が食品衛生法を適用しないで無理な「認定制度」を設けたことに由来する。にもかかわらず，政治解決しか手だてが残されていないように主張された。裁判所の和解勧告もあり，最大の被害者団体全国連（水俣病被害者・弁護団全国連絡会議）の推進と「苦渋の決断」もあって，ついに1995年12月，与党三党の最終解決案が村山内閣のもとで閣議了解・決定され，96年5月，全国連がチッソと和解協定に調印し，国・県に対する訴訟も取り下げられ，今後訴訟は一切しないと約束させられた（これ自体大きな問題だ）。他の団体もこれにならい，未認定患者の問題は一応終わった。一人260万円の一時金と総合対策医療事業の医療費・療養手当て，一定の団体に属している救済対象者には一定の金額を加算してその総額が団体加算金として支払われた。国はチッソに対して約370億円の金融支援措置を行った。しかし，国は国家賠償法上の責任を認めたわけではないし，救済対象者も，四肢末梢優位の感覚障害を有するとされたが，水俣病であるとはっきり認定されたわけではない。この政治解決によるチッソから

の一時金受領者は1万353人である。水俣病の被害の巨大さが、あらためて垣間見えてくる。そして政治システムが与えた解決も、被害民たちが真に望んだものとは大きくずれるように、結局は見えるのである。

他方、政治解決をよしとしなかった患者たちによる関西訴訟はなお続いた。2004年10月15日、水俣病関西訴訟最高裁判決は、2001年4月の大阪高裁判決を受けて、水質二法および熊本県漁業調整規則に基づく規制権限の不行使の違法を理由に、国・熊本県の国家賠償法上の責任を認めたが、食品衛生法の不適用問題には言及しなかった。しかし、感覚障害のみの水俣病がありうることを認め、これまでの認定制度の枠組み・認定基準を根底からくつがえす判断を示したのである。

5 水俣病事件の責任とは何か
●病根としてのシステム社会

認定制度の問題の根本にあるのは、補償の問題である。被害を与えた以上、補償しなければならない。そして補償はカネでなされる。しかし被害者はいくらカネをもらっても傷ついた体と心は元に戻らない。とにかく詫びてほしい、何を行い、何を怠ったかを明言して、罪を認めてほしい。二度と同じことを繰り返さないと誓うことによって、犠牲に意味を与えてほしい。ところが会社の経営者も厚生省や環境庁や県の役人も次々と替わり、カネの論理に押さえられて責任ある言葉を誰も出せない。被害者のほうは、一個の個人としてずっと痛みに耐えながら、やはりカネの論理に組み込まれていっそう苦しむ。裁判に勝っても、結果はカネだ。1959年の「見舞金契約」

は，のちに熊本地裁判決で「公序良俗違反」として無効化されたが，こうした「見舞金」をくれてやるという発想の欺瞞と傲慢さはもちろんのこと，謝罪のないまま絶えず金銭による「補償」のみが正面に出てこなければならない仕組みは，人と人とのコミュニケーションを阻害する仕組みでありながら，水俣病患者たち自身もそこからは逃れられない仕組みとして，彼ら彼女らを苦しめてきた構造である。そして貨幣の論理は，人と人の関係性を疎外するものであると同時に，人間と自然の関係性を破壊してきたものでもある。

　父を急性激症型水俣病で亡くし，母と兄姉8人が水俣病認定患者となった緒方正人さんは，1985年末に水俣病認定申請協議会の会長を辞任し，自分自身の認定申請も取り下げた。カネではない，では一体何なのか，この答えの見出せない問いに苦しんだ緒方さんは，「システム社会の全体に対しての絶望感」に打ちのめされながら，ほとんど狂気の世界をさまよった。そして次のように語る境地にまで達する。

　「どの時代の誰の責任と，はっきり示せないような責任。それは言い換えれば，誰の責任というようなことではすまされないような奥深いところにある責任の問題です。さらに，チッソの責任，国家の責任と言い続ける自分をふと省みて，『もし自分がチッソや行政の中にいたなら，やはり彼らと同じことをしていたのではないか』と問うてみる。すると，この問いを到底否定しえない自分があるわけです。それは自分の中にもチッソがいるということではないでしょうか。そこで結局俺は，水俣病事件の責任ということをこう結論せざるをえない。この事件は人間の罪であり，その本質的責任は人間の存在にある。そしてこの責任が発生したのは『人が人を人と思わなくなった時』だ，と」（緒方［1996］）。

Column レイチェル・カーソン

　レイチェル・カーソン（Rachel Carson, 1907～64 年）はアメリカの海洋生物学者でベストセラー作家。1962 年に『沈黙の春（サイレント・スプリング）』（新潮社）のなかで、DDT, BHC のような有機塩素系の化学物質による環境汚染、生態系の破壊について、いち早く警告を発したことで知られている。レイチェルは、人間が無思慮・無差別に化学物質を環境にまき散らしつづけるならば、やがて春がきても鳥も囀らずミツバチの羽音も聞こえない沈黙した春を迎えるようになるだろうと予言した。人々は、この本によってはじめて環境問題について目を開かされたといえる。また、政策にも大きな影響を与えている。ケネディ大統領は『沈黙の春』の反響の大きさを受けとめ、科学諮問委員会を設け農薬による環境汚染問題を検討させた。その結果、『沈黙の春』の正当性を認め、EPA（環境保護庁）の設立（1970 年）のきっかけの一つになった。ちなみに日本では 1971 年に環境庁（現環境省）が設立された。

　レイチェル・カーソンは、ペンシルベニア州ピッツバーグ郊外の緑豊かな田園地帯に生まれ、自然界の生命体が互いにかかわりあいながら生きている様子を、深い愛情をもって見つめながら成長した。ペンシルベニア女子大学（現チャタム大学）文学部に入学した彼女は、はじめは作家を志していたが、後に生物学科に転科している。幼い頃から憧れていた海をはじめてみたのは、ジョンズ・ホプキンス大学大学院に進む前の夏だった。魚の発生学で修士号を得た彼女は、海洋生物専門官として、魚類・野生生物局の広報部で働きながら科学と文学が見事に合流した『潮風の下で』（宝島文庫）、『われらをめぐる海』（ハヤカワ文庫）を出版し、作家生活に入ってから『海辺』（平凡社ライブラリー）を出版した後、がんと闘いながらも『沈黙の春』を執筆した。これらの作品はすべてベストセラーになっている。没後、出版された『センス・オブ・ワンダー』（新潮社）は、環境教育の原点であると評価され、広範な読者層に愛されている。

　水俣病事件が緒方正人さんのような深い人格を生み出したことを、私たちは何に感謝すればよいのだろうか。私たちは多分、緒方正人さんが味わった苦しみをとおして、システム社会の病根を見据えないかぎり、どのような環境問題からも脱出できないだろう。

しかしながら，他方で，人間存在そのものの「本質的責任」を問うだけだと，すべての人の責任だということになって，誰も本当には責任をもたなくなってしまう危険性もある。水俣病事件が根底的に問いかけてくることは，国家は，そして地方行政は，何のためにあるのか，企業は何のためにあるのか，ということである。そしてまた，私たち自身が，そうした問いを問いつつ，注意深く他者と環境に配慮して生きているか，ということである。私たちが注意深い生き方および他者と環境への危害「予防」を考え，「持続可能な社会」を追求したいと思うのも，二度と再び水俣病事件のような悲劇を繰り返したくないからである。

演習問題

1. 石牟礼道子さんの『苦海浄土——わが水俣病』を読んで，「苦海浄土」という表現が何を意味しているのか考えてみよう。
2. 足尾鉱毒事件と水俣病事件との構造上の類似点を，それぞれの事件の経緯を調べて考えてみよう。
3. あなたが就職しようと思っている会社，あるいは働いている会社が，環境とどのようにかかわりあっているのか，考えてみよう。その際，「環境」を単純に「自然環境」とだけみるのではなくて，社会と自然とのかかわりの場としての環境というようにとらえてみよう。

★ 参考文献

石牟礼道子 [1972]『苦海浄土——わが水俣病』講談社文庫。
原田正純 [1972]『水俣病』岩波新書。
原田正純 [1989]『水俣が映す世界』日本評論社。
後藤孝典 [1995]『沈黙と爆発——ドキュメント「水俣病事件」』集英社。
富樫貞夫 [1995]『水俣病事件と法』石風社。
緒方正人・語り，辻信一・構成 [1996]『常世の舟を漕ぎて——水俣病私史』世織書房。

斎藤恒 [1996]『新潟水俣病』毎日新聞社。
宮澤信雄 [1997]『水俣病事件四十年』葦書房。
深井純一 [1999]『水俣病の政治経済学』勁草書房。
木野茂・山中由紀 [2001]『新・水俣まんだら――チッソ水俣病関西訴訟の患者たち』緑風出版。
津田敏秀 [2004]『医学者は公害事件で何をしてきたのか』岩波書店。
丸山徳次編著 [2004]『岩波応用倫理学講義 2 環境』岩波書店。
大竹千代子・東賢一 [2005]『予防原則』合同出版。

第5章 環境正義の思想

環境保全と社会的平等の同時達成

本章のサマリー

　人間は自然資源を利用して生活を営んでいるが，南北格差にみられるように，開発によって得られる便利さには大きな違いがある。また，開発の副作用としての環境汚染の影響も一様なものとはいえない。先進国で禁止された危険な製品が発展途上国に輸出されたり，低所得階層や少数民族に公害の影響が集中することも少なくない。こうしたことは日本でも以前から論じられているが，アメリカでは最近，「環境人種差別」や「環境正義」という言葉が環境運動や環境政策のキーワードになってきた。また，便益や被害の分配の問題は，人間の世代内公平や世代間公平だけでなく，人間と自然（動植物など）が有限な地球でいかに共存するかという視点からも考えていく必要がある。分配の不平等の背景に，開発や環境にかかわる意思決定権限や情報の集中などの手続き面の問題があることも，議論されるようになってきた。なお，戦争こそ最大の環境破壊・資源浪費であり，戦争や暴力の被害も弱者に集中することを忘れてはならない。

本章で学ぶキーワード

生物的弱者	社会的弱者	南北問題	環境人種差別	環境正義
分配的正義	手続き的正義	戦争	グローバル正義	

1 便益と被害の不平等な配分

●金持ちが環境を壊し,貧乏人が被害を受ける

人類の資源多消費と集団間格差

生きていくうえで,空気,水,食物をはじめとする「環境資源(自然資源)」を利用するということでは,動植物も人間も変わらない。人間はいうまでもなく哺乳動物の一員であり,数百万年前にチンパンジーやボノボ(旧称ピグミーチンパンジー)との共通の祖先から分かれたと推定されている。遺伝子 DNA のレベルでは,人間とチンパンジーは98%共通である。しかし,同じくらいの大きさの雑食動物と比べると,人類の資源消費は,採集狩猟社会→農業社会→工業社会と推移するにつれて,急増していった。人類400万年の歴史を振り返ってみたとき,一人当たりのエネルギー消費は,原始人類を基準とすれば,農業社会(1万年)では8～13倍,工業社会(200年)では38～115倍にもなっている(アースデイ日本編[1994])。「先進国」では,こうした資源の大量消費によって,高速の長距離移動をはじめとする「便利」な生活が可能になったのである。

また,シカが餌を食べる量やブナが養分を吸収する量が群れや群落によって10倍も100倍も格差があるということはないが,人間では大きな集団間格差がある。南北間格差がその典型で,たとえば年間一人当たりの紙消費量(もとは樹木という自然資源を加工したもの)でバングラデシュは1キログラムだが,日本はその200倍,アメリカは300倍を超える(表5-1)。数年前の新聞の社説でも,石炭や石油の消費による年間一人当たりの炭素排出が,世界平均1ト

表5-1 人口一人当たりの鉄,紙,セメントの消費量(1980年代末)

(単位:kg)

国　名	鉄　鋼	紙	セメント
日　　本	**582**	222	**665**
ソ　　連	**582**	36	470
旧西ドイツ	457	207	476
アメリカ	417	**308**	284
トルコ	149	8	436
ブラジル	99	27	167
メキシコ	93	40	257
中　　国	64	15	185
インドネシア	21	5	73
インド	20	3	53
ナイジェリア	8	1	31
バングラデシュ	5	1	3

(出所) A.ダーニング(山藤泰訳)[1996]『どれだけ消費すれば満足なのか』ダイヤモンド社。

ン,アメリカ5トン,発展途上国平均0.5トンであることを示して,「温暖化問題は,大気を公平に利用する国際社会の構築を求めてもいる」と指摘している(『朝日新聞』1997年7月4日付)。

　生物学者のバリー・コモナー(Barry Commoner)は,人口・環境・開発の関係を次のように表現している(山田[1994])。

　　　環境負荷(汚染量)＝技術の質×豊かさ×人口

ここで,技術の質とは「資源消費(あるいは製品)の単位当たりの環境負荷」,豊かさとは「人口当たりの資源消費」であり,公害対策の不足,先進国の「消費爆発」,人口増加が環境に影響を与えることがわかる。

弱者に集中する環境問題の影響

一方，資源消費にともなって必ず「廃物」と「廃熱」が出てくる。火力発電では，資源がもっているエネルギーの3分の1を電気に変えて，あとは熱として捨てている。その廃熱の半分以上を有効利用しようというのが「コジェネレーション（熱電併給）」である。都会のヒートアイランド（熱の島）現象でサクラが早く咲いたりするのは，人間活動の廃熱がたくさん出るからである。廃熱も，原子力発電所の温排水などのように生態系に影響を与えるが，廃物にも有害化学物質や放射能のようなものがあり，適切に処理しないと水俣病などのように生態系と健康を破壊する。資本主義では利潤優先のために，ソ連型「社会主義」では官僚の業績優先のために，健康・環境対策が後まわしにされてきたのが，これまでの公害の歴史だった（戸田［1994］）。経済学者の宮本憲一は，公害の特徴を次のようにまとめている（庄司・宮本［1975］）。

(1) 被害が**生物的弱者**から始まる（生物的弱者とは，汚染に弱い動植物であり，人間でいえば病人，高齢者，子どもなどである）。

(2) **社会的弱者**から被害者になる（低所得層，労働者，農漁民など）。

(3) **絶対的不可逆的な損失**を生じる（人間の健康障害や死亡，自然や文化財の復旧不能な破壊など）。

チェルノブイリ原発事故（1986年）の後遺症で癌その他の疾患が多発しているが，そのほとんどは事故当時胎児や子どもだった人たちである（戸田［1994］，上野・綿貫編［1996］など）。イギリスのセラフィールドやフランスのラアーグの核燃料再処理工場周辺地域では，小児白血病が増加している。大気汚染の影響を受けやすいのは呼吸器疾患患者や高齢者，子どもである。原発などの被曝労働は日雇い労働者や出稼ぎ農民，（英仏の）旧植民地からの出稼ぎ労働者といっ

表5-2 アメリカにおける子どもの鉛中毒リスクの状況

人　種	所得階層		
	6,000ドル以下	6,000〜15,000ドル	15,000ドル以上
アフリカ系	68 %	54 %	38%
白　　人	36 %	23 %	12%

(注) 人口100万人以上の都市に住む0.5〜5歳の子どもに占める血液中鉛濃度15μg/dℓ以上の人の推定比率。人種，所得階層別（ATSDR, 1988による）。
(出所) U. S. Environmental Protection Agency [1992], *Environmental Equity : Reducing Risk for All Communities*, Vol.1.

た人たちが多い。核実験も世界的に少数民族地域や植民地で行われる傾向が強く，「核による人種差別」だと指摘されている（豊崎[1995]）。労働環境や生活環境の条件が総合的にきいてくるのが，さまざまな保健指標である。イギリスは職業階層別の衛生統計が充実しているが，平均寿命，乳幼児死亡率，癌死亡率などさまざまな面で，専門職管理職→ホワイトカラー→ブルーカラーとしだいに不利になっていくことが読み取れるのである。なお，日本人の死亡率でも，同様な傾向が観察されている（戸田[1994]）。また，アメリカの衛生統計は，子ども（生物的弱者）に強く現れる鉛の影響が，有色人種・低所得層（社会的弱者）に偏っていることを示している（表5-2）。

2 資本主義，ソ連型「社会主義」，南北問題
●企業や国家への力の集中が招く環境破壊

産業公害と生活型公害　日本で1960年代後半から70年代前半にかけて提訴された「四大公害裁判」(熊本水俣病，新潟水俣病，イタイイタイ病，四日市喘息) に代表される「産業公害」は，生産過程で生じる汚染によるもので，企業が加害者，地域住民が被害者という図式でとらえられるものであった。それに対して，深刻な産業公害の緩和にともなって注目されるようになってきた自動車公害，合成洗剤，ゴミ問題 (たとえば世界一のダイオキシン汚染) に代表されるいわゆる「生活型公害」は，消費者が被害者であると同時に加害者でもあるという性格をもっている。しかし，「赤字ローカル線」の切捨て (国鉄分割民営化) や道路建設推進，自動車販売促進，せっけんの生産削減と合成洗剤の増産，再利用できるガラスびんから金属・プラスチックのワンウェイ容器への転換など，「生活型公害」における政府・企業の責任の重大性も見逃してはならないだろう (宮嶋 [1994])。

生活型公害は先進資本主義国の「大衆消費社会化」にともなう現象で，大量生産・大量消費は20世紀初頭のアメリカのフォード社による自家用車の大衆化に始まるものであった。それまでは金持ちと中産階級のものであった自動車が，大量生産によるコストダウンで労働者階級にも普及するようになったのである。大量生産の前には自然資源の「大量採取」があり，大量消費のあとには「大量廃棄」がくるので，自然破壊・資源枯渇や環境汚染がますます深刻化するようになった。韓国や台湾でも，産業公害に加えて生活型公害

も激化してきた。

　他方,旧ソ連・東欧では,いくつかの工業都市にみられるように,産業公害は局地的に西側(先進資本主義国)以上にひどくなったが,「大衆消費社会」は形成されなかったので,生活型公害は目立ったものではなかった。たとえば,官僚統制経済のもとでの技術革新の遅れから,旧東ドイツのトラバント1台の排ガスは,ベンツやBMWよりずっとひどい汚染をもたらしたが,自動車保有台数は旧西ドイツよりずっと少なかったので,自動車公害の総量としては相対的に小さかったのである。日本で硫黄酸化物の大気汚染が軽減されてきたのは,産業公害(工場や発電所)に対する公害防止技術が発展したためであるが,窒素酸化物の汚染が横這いとなっているのは,排ガス浄化技術の進展にもかかわらず,自動車台数が増えつづけているということが大きな要因である。日本の自動車保有台数は約7000万台で,世界の台数(その4分の1はアメリカ)の10分の1を占め,毎年200万台ずつ増えているのである。

　先進資本主義国が「大衆消費社会」になってきたのは,企業の「需要創造活動」の役割が非常に大きい(戸田［1994］,宮嶋［1994］)。その典型は,たとえばアメリカの自動車メーカーであろう。いち早く自家用車の大衆化が進んだアメリカでは,1920年代後半には市場が飽和してきたが,自動車メーカーは石油会社などと連携して鉄道を買収して路線を廃止し,いっそう売上げを伸ばすことに成功したのである。アメリカのスネル弁護士(Bradford Snell)は1974年に連邦議会のための報告書でその実態を明らかにした(スネル［1995］)。

環境問題と南北問題

1970年前後の日本は「公害先進国」(宇井純の表現)と呼ばれたが、これは戦前の「開発独裁」の構造を引きずっていて、産業公害の規制が遅れたことが大きい。有機水銀中毒の国際比較をしてみると、欧米では数人〜数十人規模であるが、日本や第三世界では数千人以上の規模の事件がしばしば起こった。熊本水俣病では認定患者だけで2000人を超え、1977年の行政の後退(認定基準を狭くした)などにより取り残された被害者はその数倍をはるかに超えるとみられている。熊本大学研究班と厚生省食品衛生調査会によって、1959年には水俣病が工場排水による有機水銀中毒であることは確実となったのであるが、政府が水俣病を公害病と認めたのは1968年9月のことであった。原田正純医師が指摘するように、水銀を用いるアセトアルデヒド生産工程がすべて廃止されたのは1968年5月であったという「状況証拠」からみると、企業擁護のためであったとみられても仕方ないのである(見田［1996］)。この水俣病行政における「9年の遅れ」は1980年代の薬害エイズ行政における「2年4ヵ月の遅れ」(加熱血液製剤の承認がアメリカよりそれだけ遅れた)を想起させるものであり、クロイツフェルト・ヤコブ病の手術感染でも「10年の遅れ」(1987年の情報を生かせなかった)があったことが指摘されている。

日本は公害先進国の汚名を返上したあともなお「薬害大国」といわれるが、その背景にあるのは製薬会社の需要創造活動である。スモン病の原因になったキノホルム(クリオキノール)では、医学的に正当な適応症(アメーバ赤痢)のほかに、欧米や日本の会社によって、少なくとも33種類の「適応症」が捏造されたのである。しかも、先進国で使用が禁止されたあとも発展途上国では数年にわたって販売が続けられ、その際、適応症は不当に拡大され、副作用の情

報提供は不十分だったのである。「公害輸出」の背景にはしばしばこのような多国籍企業の「二重基準」がある（戸田［1994］）。

南北問題との関係でとくに注目されたものに，多国籍食品会社による乳児用粉ミルクの販売戦略がある。粉ミルク自体は別に有害商品ではないが，所得や識字率が低く，きれいな水や哺乳びんを煮沸する燃料が不足しやすい発展途上国の低所得層では，乳児の感染症につながりやすい。1970年代には，母乳であれば死なずにすんだはずの子どもたち年間約10万人がそのために生命を奪われたと推定されている。

史上最大の産業災害といわれるボパール農薬工場事故（1984年）では1万人以上の生命が失われたが，これもユニオンカーバイド社のインド子会社が本国の工場に比べて安全対策を手抜きしたことが背景にある。事故だけではない。先進国の日常的な資源大量消費が発展途上国の生活と環境に大きな影響を与えている。たとえば，エビ，熱帯木材，木綿などの事例から，日本人の日常生活が海外に及ぼす影響に想像力をめぐらしてみることも有益であろう（アースディ日本編［1992］）。

官僚機構や企業への力の集中と環境問題

日本でとくに多くみられる「必要性の疑わしい公共事業」は，建設業界の需要創造活動と官僚の権限維持・拡大欲求が相まって生じたものとみてよいであろう（宮嶋［1994］，五十嵐・小川［1997］）。長良川河口堰や諫早湾干拓などはその例である。日本の官僚の権限の強さは，旧ソ連に似ているといわれることも多い。政界・官界・財界は「癒着」することも多いが，相互の利害が対立し，牽制しあうことも少なくない。その点では，旧ソ連は官僚機構がこの三つを

兼ねているようなもので，住民のチェック機構もなく，意思決定権限と情報の中央集中は欧米や日本をはるかに上回るものであった。多民族国家である旧ソ連では，中央アジアのイスラム文化圏などはロシア民族の「国内植民地」でもあった。綿花の生産基地となった中央アジアでは，大規模灌漑にともなうアラル海の縮小や塩害，農薬汚染による健康被害の多発といった問題も起こったのである。力の集中と住民の発言権の不足が環境破壊の背景にあるということは，企業・政府・専門家のいずれについてもいえることであろう。

「開発独裁」というとフィリピンのマルコス政権（1986年に崩壊）のような東南アジア諸国が思い浮かべられることが多いが，足尾鉱毒事件に象徴される近代日本や，重工業化を強行した旧ソ連なども先進国に追いつくための「開発独裁」といってよいであろう。営利企業としては採算をとりにくいために国策として推進される原子力開発に力を入れたのも，旧ソ連と日本の共通の特徴であった。原子力事故の東西比較をするとき，イギリスのウィンズケール（1957年）やアメリカのスリーマイル島（1979年）より旧ソ連のウラル（1957年）やチェルノブイリ（1986年）のほうが深刻だったことは，偶然ではない。しかし，旧ソ連，日本や途上国が追随してきた欧米の大量生産型「開発モデル」の破綻が，いま問題となっているのである（メラー［1993］；中村［1996］；ブライドッチほか［1999］；シヴァ［2003］；ゴドレージュ［2004］）。

3 アメリカにおける「環境人種差別」と「環境正義」
●有色人種や低所得層にも広がる環境運動

環境問題は，大きく環境汚染（公害），自然破壊（資源枯渇を含む），

アメニティ破壊（歴史的景観の破壊など）に分けられる。経済学者の寺西俊一は，深刻な公害被害が激発した日本では公害対策が先行し，早くから市民社会が発展した西欧諸国ではアメニティ保全政策が充実しており，アメリカでは無秩序な自然開拓への反省から自然保護政策の分野が厚みをもつと指摘している（植田監修［1994］）。「シエラ・クラブ」などに代表されるアメリカの19世紀以来の伝統的な自然保護運動は，白人中産階級の高学歴男性を中心とするものであった。他方，公害問題については，企業城下町ピッツバーグで1930年代に資本家も含めて住民ぐるみで大気汚染問題に取り組んだような例もあるが，労働環境や生活環境の汚染がとくに有色人種に影響を与えるという事例も頻発してきた。

有色人種と環境問題　1940年代に始まるウラン開発では，ウラン鉱山の多くが先住民保留地（居留地）に存在していたので，鉱山労働者としても先住民が多く雇用され，放射性廃棄物の規制が十分でなかった時代には建材としても使われたために，住居での被曝も多かったのである（本田・デアンジェリス［2000］；石山［2004］）。現在でも，ナバホ族のティーンエイジャーには六つの臓器の癌の発生率が全国平均の17倍もある（ダウィ［1998］）。大規模な有害廃棄物の処分場は，アフリカ系，ヒスパニック系，先住民の居住地域に立地される傾向がある。本田雅和は，「とりわけ，低所得階層が多く，時に70～80％もの高失業率を示す保留地は，雇用や多額の補助金と引き換えに，原子力産業から化学工業までの有害廃棄物の埋め立て地として狙われている」と述べている（『朝日新聞』1993年12月28日付夕刊）。農業労働者として農薬中毒の影響を真っ先に受けるのは，ヒスパニック系の人が多い。

環境正義を求める運動の高まり

そうしたなかで、1960年代以来の公民権運動や先住民復権運動の高まり、またレーガン政権（1981年成立）のもとでの環境政策の後退を背景として、「**環境人種差別**（environmental racism）」を告発し、「**環境正義**（environmental justice）」を求める有色人種の環境運動が1980年代から急速に広がっていった。そのきっかけとなったのは、1982年にノースカロライナ州ウォレン郡でPCB廃棄物埋立て計画に抗議して行われたアフリカ系アメリカ人を中心とする抗議行動であった。そのときの500人以上の逮捕者のなかにいたフォントロイ（Walter E. Fauntroy）下院議員の要請で、連邦議会会計検査院（GAO）は調査を行い、1983年に『有害廃棄物埋立て地の立地と住民の人種・社会経済的地位の相関』が公表された。ベンジャミン・チェイビス牧師（Benjamin F. Chavis）らによって行われた合同キリスト教会人種的正義委員会の全国調査結果である『合衆国における有害廃棄物と人種』（1987年）によっても、有色人種の居住地に多く立地される傾向が裏づけられた。1991年10月にはワシントンで「全米有色人種環境運動サミット」が開催され、宣言として「環境正義の諸原則」が採択された。そのなかで、先住民の自然共生的な価値観もあらためて注目された（ダウィ［1998］；諏訪［1996］など）。

1970年代から環境人種差別の研究に取り組んできた社会学者ブラード（Robert D. Bullard）らの尽力もあって、研究者・住民活動家と連邦環境保護庁（EPA）の協議も行われるようになり、1994年2月にはクリントン（Bill Clinton）が大統領命令「マイノリティ人口と低所得人口における環境正義の確保のための連邦政府の行動について」に署名した。環境正義の制度化は前進ではあるが、1996

表5-3 「環境正義」の諸課題の例

	世代内倫理	世代間倫理
受益	●一人当たり資源消費の南北格差	●自然資源の享受機会の世代間格差
受苦	●有害廃棄物処分場のアフリカ系居住地域への立地 ●原発の「過疎地」への立地 ●核被害の子どもと被曝労働者へのしわ寄せ ●公害輸出	●核廃棄物管理の子孫への強制

(出所) 戸田 [1994]。ただし、「環境的公正」は「環境正義」に変えた。

年8月の青少年の健康を守るためのタバコ販売規制強化が結局はタバコ輸出（煙害輸出）をもたらしたように、「国境で立ち止まる環境正義」という限界は否定できない。

また、市民運動の側にも責任はあるが、環境正義が「被害の不平等な分配の是正」と狭く解釈されてしまい、便益の不平等分配の問題には関心が薄いのではないだろうか（表5-3参照）。「世界人口の2割を占める先進国が資源消費の8割を占めている」といわれる状況のなかでも、アメリカの資源浪費は突出している。たとえば、すでに述べたように、年間一人当たり紙消費が数倍〜数百倍の南北格差があるが、とくにアメリカが多い（表5-1）。便益の公平を真剣にはかろうとするならば、アメリカの資源浪費構造にメスを入れなければならない。市民運動は強力だが、産業界ロビーがさらに強力なアメリカでは、それは容易なことではない。ただし、産業界も一枚岩ではない。地球温暖化問題でいえば、太陽光発電などのソフトエネルギー業界や自然災害の多発を懸念する損害保険業界は規制推進派であり、石炭、石油、鉄鋼、電力などの業界は規制反対派であ

る。保険業界は，環境団体グリーンピースとセミナーを共催するなど積極的である。

4 手続きの民主化
●民衆の自治と情報公開は環境保全の必要条件

分配的正義と手続き的正義

便益と被害の不平等な分配という「分配的正義」の問題が生じるのは，その背景に不平等な国際システムと国内社会，環境と開発にかかわる意思決定権限の少数者への集中と不十分なチェック機構という「手続き的正義」の問題がある。アメリカの環境人種差別反対運動でも，情報公開と意思決定プロセスへの住民参加という「手続きの適正化」の要求が絶えず強調されている。「分配的正義」と「手続き的正義」は，環境正義の両輪であると思われるが，法律の分野でいうと，「実体的適正」と「手続き的適正」に対応するといってよいであろう（山村・関根編［1996］）。

日本の「乱開発」が指摘されるのは，16種類ある公共事業長期計画や，原子力開発利用長期計画が，住民（国民および在日外国人）への十分な情報公開や討論なしに推進されているというような問題が要因として重要であろう（五十嵐・小川［1997］など）。

世界システムはこれでよいか

冷戦後の世界では，環境危機と開発危機（数億人を超える絶対的貧困や，南北格差の拡大の問題）が最大の課題となっているが，これは不平等な社会システムの変革を抜きにして解決の方向を見出すことは難しい。先進国の所得階層構造はダイヤモンド型（中産階

級の層が厚い）といわれ，多くの発展途上国はピラミッド型（貧富の分極化）といわれる。多くの先進国は民主主義が制度化されているが，多くの途上国は民主化の途上にある。そして，国際関係は先進国に有利にできている。交易条件が先進国に有利になっているために，途上国は安い一次産品を輸出して高い工業製品を輸入することになる。輸出用農産物の無理な増産は食糧自給の圧迫や農薬汚染，塩害などを招く。「民主的な北」と「民主的でない南」との関係は民主的でない（北の独裁傾向）といってよいかもしれない。不平等な南北関係を象徴するものは，先進国の発言権が大きい世界銀行・国際通貨基金（IMF）が累積債務国に勧告する「構造調整プログラム（SAP）」である。SAPの主要な柱は次のようなものであるが，途上国の低所得層の生活悪化や環境破壊を招いているのである（グループKIKI［1993］）。

(1) 通貨の切下げ（輸入品が高くなるため輸入が抑制され，輸出品は安くなって国際競争力がつく）

(2) 公共支出の削減，公営企業の民営化と財政緊縮（返済に金が回るようになる）

(3) 輸出作物，輸出資源などの輸出中心政策（返済のための外貨稼ぎ）

累積債務を招いた主要な要因は，先進国の銀行の過剰な貸付や軍需産業の売込み，途上国の独裁政権の乱費といったものであるが，福祉削減などにより，債務を軽減するための犠牲が途上国の社会的弱者や自然環境にしわ寄せされると批判されているのである。「人口爆発」も開発危機（貧困問題）の一つの症状である。高い人口増加率をもたらしているのは，貧困（そしてそれから派生する乳幼児死亡率の高さ）と女性の地位の低さであるといわれている（芦野・戸田

［1996］)。

　貧困問題を解決するためには，農業の重点を輸出から食糧自給に移すことも含めた国内の民主化だけでなく，SAPの見直し，債務の軽減，「自由貿易体制」の見直し，多国籍企業の行動の民主的規制，軍需産業の縮小，交易条件の改善といった国際要因にも対処することが必要である。世界システムの民主化である。しかし，国際システムが不平等だから仕方ない，というのは言い訳にはならない。国内の民主化だけでもある程度のことはできる。たとえば，インドのケララ州では，州民の平均所得は国内でも低いほうだが，福祉政策が充実しており，女性の地位が高い（識字率などにも反映している）ので，人口増加率は低い。他方，土地所有の不平等は，「貧困と環境破壊の悪循環」をもたらす。たとえば，ブラジルでは，先進国の政府開発援助や企業がからんだ牧場開発や鉱山開発と並んで，貧困層の入植も熱帯林破壊の大きな要因だが，地主に土地が集まっているために，土地なし農民は入植せざるをえなくなると，暗殺された労働運動・環境保護活動家のシコ・メンデス（Chico Mendes）も指摘している（戸田［1994］)。「自由貿易」の「自由」が多国籍企業の営業の自由に偏って解釈される傾向も，環境保全のうえで懸念をもたらしている。非関税障壁をなくすための国際基準の整合化（ハーモニゼーション）の名目で，食品添加物，残留農薬，食品への放射線照射，遺伝子組換え作物などの規制緩和が，健康や環境への影響を十分に考慮することなく行われているのである。

　「世界人口の2割を占める先進国が資源消費の8割を占める」といった状況が公平でないとするならば，国際協定を通じて是正することを真剣に考えなければならないだろう。おそらく，地球全体として資源消費を減らしながら，先進国では大幅に減らし，途上国で

は階層格差の是正と同時に平均消費量を多少増やしてもよいという考え方も必要になってくるのではなかろうか。その意味で，40％とかいった具体的数値はともかくとして，気候変動枠組み条約の京都議定書（1997年）に向けた欧州連合（EU）の提案で，EU加盟国の削減義務に差をつけて（たとえばドイツは義務が強く，ポルトガルは弱い），全体として一定の削減達成をめざす「バブル（共同達成）方式」を基本とし，現在もその方針であることは参考になるであろう。この提案は，一人当たり消費格差の是正ということを念頭においていたのである（竹内敬二『朝日新聞』1997年7月22日付）。

5 環境正義と平和

●グローバル正義へ向けて

戦争と環境破壊・資源浪費

21世紀初頭の現在において改めて強調しなければならないのは，**戦争**こそ最大の環境破壊・資源浪費であるということである。環境破壊や自然災害の被害と同様に，戦争や暴力の被害も弱者に集中することを忘れてはならない。たとえばイラクで小児白血病や先天異常が激増している主因は，湾岸戦争（1991年）やイラク戦争（2003年）における劣化ウラン弾の放射能であると推測されている（NHK・BS-1「イラク劣化ウラン弾被害調査 ドイツ人医師13年の足跡」2005年1月4日）。

アメリカの公民権運動では「人種的正義（racial justice）」がキーワードになったが，晩年のキング牧師（Martin Luther King）がベトナム戦争に反対したことにもみられるように，国際連帯への展開も示していた。環境と開発の問題も地球規模で取り組む必要性が指

摘されている（ブライドッチほか [1999]）。

環境正義とグローバル正義

世界貿易機関（WTO）のシアトル閣僚会議（1999年）を失敗に追い込んだことから、いわゆる「グローバル化」に反対する市民運動が注目を集め、マスコミはこれを「反グローバル化運動」と呼ぶようになった（ベロー [2004]）。しかしこの市民運動（先進国と発展途上国の市民運動、労働運動、農民運動が合流している）は「グローバル化」や「世界」そのものを否定しているわけではなく、その最も代表的なイベントが2001年以来「世界社会フォーラム（World Social Forum）」と呼ばれているように、現在の支配的な「グローバル化」とは別のグローバル化、国際連帯を求めるものである。運動が反対しているのは、「新自由主義的」「金融主導」「企業主導」「アメリカ主導」「軍国主義的」なタイプの「グローバル化」である。「反グローバル化運動」という表現は誤解を招くということで、「もう一つのグローバル化（alternative globalization）」を求める運動と呼ばれることも多いが、運動を代表する知識人の一人であるスーザン・ジョージ（Susan George）は「**グローバル正義**運動（global justice movement）」と呼んでいる（ジョージ [2004]）。新自由主義（市場原理主義）や軍国主義に反対し、環境破壊や南北格差、差別、人権侵害などをなくしていこうというのが、その共通の主張である。公民権運動の延長で「環境人種差別」（本田・デアンジェリス [2000]）への取り組みから始まった「環境正義運動」（ダウィ [1998]）も、「グローバル正義運動」の一環として位置づけることができるだろう。

ノルウェーの平和学者ガルトゥング（Johan Galtung）は、暴力を

「直接的暴力」「構造的暴力」「文化的暴力」に分ける。「直接的暴力」は戦争や殺人、強姦のように加害の意図が明白なものである。「構造的暴力」は加害の意図は必ずしも明らかでないが、社会の構造が生命や生活の侵害をもたらすもので、南北格差、差別、環境破壊などもそのなかに含まれる。「文化的暴力」は、「直接的暴力」や「構造的暴力」を正当化する言説である。

いわゆる「石油文明」（原子力開発もその一部である）は、能率の促進（高速移動、大量生産、大量破壊など）に使いやすいものであり、有限の資源が偏在することから、資源獲得紛争をもたらしやすい（投入あたりの産出を「効率」、時間あたりの産出を「能率」という）。2020年頃までには世界の石油生産がピークに達して、その後は減少していくことが予想されるが、先進国の浪費の継続、アジア諸国の需要増大、人口増加などが厳しい状況をもたらすことが推測される。暴力につながりやすい石油文明から、自然エネルギーを基盤とする「人と自然にやさしい文明」への地球規模の移行戦略をたてることが、いまほど切実に求められているときはないだろう（戸田［2003］）。

演習問題

1. 環境問題における生物的弱者と社会的弱者の意味について考えてみよう。
2. アメリカで「環境人種差別」が問題になったのはなぜだろうか。
3. 分配的正義、手続き的正義について考えてみよう。
4. 環境問題と南北問題の関係について討論してみよう。
5. 環境、平和、「グローバル正義」の関係について討論してみよう。

★ 参考文献

庄司光・宮本憲一［1975］『日本の公害』岩波新書。

アースデイ日本編［1992］『豊かさの裏側』学陽書房。

グループKIKI［1993］『どうして郵貯がいけないの──金融と地球環境』北斗出版。

M.メラー（壽福眞美・後藤浩子訳）［1993］『境界線を破る！──エコ・フェミ社会主義に向かって』新評論。

アースデイ日本編［1994］『ゆがむ世界ゆらぐ地球』学陽書房。

植田和弘監修［1994］『地球環境キーワード』有斐閣。

戸田清［1994］『環境的公正を求めて』新曜社。

宮嶋信夫［1994］『大量浪費社会』増補版，技術と人間。

山田國廣［1994］『環境革命Ⅰ』藤原書店。

B.スネル（戸田清ほか訳）［1995］『クルマが鉄道を滅ぼした』緑風出版。

芦野由利子・戸田清［1996］『人口危機のゆくえ』岩波書店。

上野千鶴子・綿貫礼子編［1996］『リプロダクティブ・ヘルスと環境』工作舎。

諏訪雄三［1996］『アメリカは環境に優しいのか』新評論。

中村正子［1996］『地球の未来はリサイクルできるの？』柘植書房。

見田宗介［1996］『現代社会の理論』岩波新書。

山村恒年・関根孝道編［1996］『自然の権利』信山社。

五十嵐敬喜・小川明雄［1997］『公共事業をどうするか』岩波新書。

M.ダウィ（戸田清訳）［1998］『草の根環境主義』日本経済評論社。

R.ブライドッチほか（壽福眞美監訳）［1999］『グローバル・フェミニズム』青木書店。

本田雅和・風砂子・デアンジェリス［2000］『環境レイシズム』解放出版社。

戸田清［2003］『環境学と平和学』新泉社。

V.シヴァ（戸田清・鶴田由紀訳）［2003］『生物多様性の危機』明石書店。

石山徳子［2004］『米国先住民族と核廃棄物──環境正義をめぐる闘争』明石書店。

S.ジョージ（杉村昌昭ほか訳）［2004］『オルター・グローバリゼーション宣言』作品社。

W.ベロー（戸田清訳）［2004］『脱グローバル化』明石書店。

D.ゴドレージュ（戸田清訳）［2004］『気候変動』青土社。

豊崎博光［1995］『アトミック・エイジ──地球被曝はじまりの半世紀』築地書館。

第6章 動物解放論

動物への配慮からの環境保護

本章のサマリー

　本章では，環境倫理学における独特な立場としての動物解放論を紹介・検討する。動物解放論は，動物をいかにあつかうべきかという動物倫理の領域における強力な立場である。

　動物解放論は，単に動物が直接配慮の対象になると主張するだけではなく，ある意味で人間の利害と同等に評価されなくてはならない，という強い主張を行い，その結果，動物実験や肉食について，これまでの動物愛護運動よりも踏み込んだ反対運動（動物権運動）を展開する根拠となってきた。

　しかし，動物解放論は一方では旧来の人間中心主義的倫理観の側からさまざまな批判をあびてきた。また，動物解放論は環境保護の問題についても一定の包括的な視点を与えるが，この領域ではより過激な環境主義の立場である生命中心主義や生態系中心主義から批判をあびる。

　動物解放論はこうした批判をあびつつも，平等な配慮の原理や危害原理といった，われわれの直観に深く刻まれた倫理的原理をよりどころとしており，その説得力を過小評価してはならない。

本章で学ぶキーワード

動物権　動物倫理　移入種　利益に対する平等な配慮の原理
動物解放論　内在的価値　危害原理　限界事例　生命中心主義
有感主義　生態系中心主義

1 動物倫理と環境倫理

●移入種問題を手がかりに

動物倫理という概念

動物愛護と環境保護，この二つを並べるとどういう印象をもつだろうか。あまり接点がなさそうな印象をもつのではないだろうか。確かに，旧来の動物愛護運動ではペットなど生活のなかで身近な動物の「愛護」を問題としてきたので，環境問題とは直接接点をもたなかった。しかし，ここ30年ほどで，動物と人間のかかわりを「愛護」という枠組みをこえて権利の問題としてとらえる「**動物権**運動」(animal rights movement) が大きな影響力をもつようになってきた。そして，その理論的根拠としての「**動物解放**」(animal liberation) 論は，環境保護はいかにあるべきかという問題にも深く関与している。人間と動物のあるべき関係については，歴史上さまざまな考え方が登場してきたが，そうした立場全体を見わたして動物と人間のかかわりに関する倫理を考える領域を「**動物倫理**」(animal ethics) と呼ぶようになってきている。この言葉を使うなら，動物権運動は動物倫理における一つの立場ということになる。

和歌山のタイワンザル問題

動物倫理の問題と環境保護の問題がどういう接点をもちうるのかについて具体的なイメージをもってもらうために，2000年にマスメディアでもとりあげられ，社会的な問題となった和歌山のタイワンザル問題を例にとろう（羽山［2001］；瀬戸口［2003］を参照）。タイワンザルはニホンザルとは別種とされているが同じマカカ属に

属しており，交雑して子孫を残すこともできる。もともとタイワンザルは日本には生息していないのでニホンザルとの交雑が問題となることはなかったが，1998年に和歌山でタイワンザルとニホンザルの交雑個体が発見された。動物園から逃げ出したタイワンザルが群れをつくり，それがだんだん個体数を増やして，ニホンザルの群れと接触をもつにいたったらしい。

タイワンザルのように日本にもとからいない動物が野生で日本に住み着いた場合，それを**移入種**と呼ぶ。移入種は生態系を攪乱するため環境保護の観点から制限されている。また，タイワンザルの事例のように在来種と移入種が交雑を繰り返すと，純粋な在来種の個体がいなくなってしまう，つまり，在来種が消滅することになる。これを「遺伝的汚染」と呼び，生態系維持の観点から問題視されている。

さて，こうした状況や問題認識を踏まえて，和歌山県では2000年にタイワンザルおよびニホンザルとタイワンザルの雑種個体をすべて捕獲し，安楽死させるという計画を発表した。これに対して動物愛護団体から強い反発があった。反発のなかには，「かわいそう」という感情的なものもあったであろうが，「ささいな理由で動物の命を奪うことは倫理的に許されない」という，倫理的な反対意見も存在していた。和歌山県はこうした反対をうけ，一時は孤島にタイワンザルを再移入させる計画なども検討したが，結局県民アンケートの末，当初の計画どおり捕獲したタイワンザルを安楽死させることになった。

このような意見の対立が存在する状況下で移入種問題を考えるためには，単に「生態系を守る」というだけでなく，なんのためにどういう生態系を守りたいのかをはっきりさせる必要が出てくる。も

ちろん，動物愛護をする側も，野生動物を捕獲して安楽死させるのは本当に動物の福祉に反することなのか，反するとしたらそれはなぜなのかということについて理論的な根拠をきちんと作る必要がある。そうした作業を経てはじめて，人間と野生動物のあるべき関係や野生動物の生息する環境の扱いについて包括的な捉え方ができるようになる。

こうした視点から見ると，これから紹介する動物権運動や動物解放論とは，統一的な視点から動物と環境の問題を扱えるという意味で，非常に特徴的な立場である。では，その動物権運動や動物解放論というのはどういうものなのだろうか。それを説明する前に，まず，動物倫理におけるさまざまな立場を概観しておこう。

動物倫理のさまざまな立場

動物倫理の全体像について考える手がかりとして，次のようなアンケートを考えてみよう。

人間は動物を虐待してよいのでしょうか，そして，虐待してはいけないとすればそれはなぜだと思いますか。次のなかから一番近いものを選んでください。

(A) 人間は動物を虐待してもよい。
(B) 人間は動物を虐待してはいけない，なぜなら，
  (B1) それは自分自身にとっての不利益として返ってくることになるから。
  (B2) それは他の人間に対して不利益を与えることになるから。
  (B3) 動物の利益も人間の利益ほどでないにせよ考慮され

る必要があるから。
(B4) 動物の利益は人間の利益と同じくらいに考慮される必要があるから。

　この選択肢は網羅的なものではないし，また，「虐待」と一言でいってもいろいろあるから，一概にはいえないというのが正直なところかもしれない。それでも，このアンケートの選択肢は動物倫理における代表的な立場を分類するために有用である。

　たとえばデカルト（R. Descartes）にもしこのアンケートをとったとしたら，彼はおそらく A と答えただろう。というのも，彼は，動物は意識をもたない機械のようなものにすぎない，動物が苦痛を感じているように見えてもそれは機械的な反応にすぎず，本当に苦しんでいるわけではない，したがって，動物に対する虐待など成り立たない，と考えていたからである。こうした考え方は，その後長らく動物を対象として実験をする科学者に受け継がれていった。

　また，カント（I. Kant）に同じアンケートをとったら，おそらく B2 と答えただろう。カントの倫理学では，理性を備えた生物（要するに人間）は敬意の対象となり，そうした生物を単なる手段として利用することは禁じられる。しかし，カントは人間以外の動物には理性はないと考えた。そうするとデカルトと同じく A という答えになりそうであるが，カント自身は，動物を虐待すると乱暴な行動をする癖が身に付いてしまい，肝心の人間を相手に行動するときにまで相手に十分な敬意を払わない行動をとってしまいかねないと考えた。つまり，人間に対する義務を十分に果たすための手段として，動物も虐待してはならない，というのがカントの見解である。ということで彼の答えは B2 となる。

B1にあたる立場にはいろいろなバリエーションがありうる。動物を虐待する者は地獄に落とされるとか，来世で自分が動物に生まれ変わって虐待されることになる，といった宗教的理由によって動物虐待に反対する人は，実質的にはB1の立場から虐待に反対していることになる。そうした超自然的な理由でなくとも，虐待をするような人間はみんなに白い目で見られるから，とか，虐待をするような人間は本当の意味で幸せにはなれないから，といった理由を挙げるなら，B1に分類されることになるだろう。

　B3とB4は，B1やB2のような間接的な理由ではなく，直接動物自身の利益を考慮するべきだという考え方である。通常目にする動物愛護運動はB3に近い立場をとることが多く，動物愛護の根拠として最もストレートなものなので解説は不要であろう。ルネサンス以降の思想史のなかでは，『随想録』で知られるモンテーニュ（M. Montaigne）が「残酷さについて」というエッセーのなかでB3に近い主張をしている。

2　動物解放論の論理
●利益の平等な配慮と危害の禁止

利益に対する平等な配慮

　しかし，現代の動物権運動は，B4にあたる立場を採用することで，旧来の動物愛護運動とも一線を画している。B3とB4の違いは，B3があくまで人間の利益を優先する考え方であるのに対し，B4はそれは差別だから人間と動物の利害を平等に扱わなくてはならないと考えるという点である。B4にあたる立場を主張した哲学者としては，功利主義の確立者として知られる18世紀の哲学

者ベンサム（J. Bentham）がいるが，ここでは『動物の解放』という著者でベンサム流の議論を現代に復活させ動物権運動が興隆するそもそものきっかけとなったシンガー（P. Singer）の立場を紹介する（シンガー［1988］；［1999］）。

シンガーは，誰の立場からも認められるような最低限の倫理的原理として，すべての人の利益を平等に配慮するべし，という一種の平等主義の原理を提案する。利益を平等に配慮するということは，言い換えれば誰の利益であれ同じ大きさの利益を同じ重みにカウントするということである。この意味での平等を大事にするべきだという立場をシンガーは「**利益に対する平等な配慮の原理**」と呼ぶ。

この原理がなぜ最低限の原理であるか理解するためには，もしこの原理を認めないならどういう倫理的帰結が生じるかを考えてみればよい。もしこの原理を認めないとすれば，たとえば白人のささいな都合のために黒人を犠牲にしたり，男性のささいな都合のために女性を抑圧してもかまわないということになり，差別が正当化されることになる。また，利益以外のもの，たとえば能力に対する平等な配慮を原理にすると，能力において劣る者は平等に扱わなくてよいということになり，障害者解放運動を否定する結果となる。以上のように，利益に対する平等な配慮の原理は，そうした解放運動の成果を当然のものとして受け入れているわれわれの多くが不可避的に受け入れざるをえない原理なのである。

「利益に対する平等な配慮の原理」という名前はシンガーに独特のものであるが，その内容をよく見れば，ベンサム以来の功利主義で基本原理となってきた最大多数の最大幸福という考え方（「いくつかの選択肢があるときは，関係者の幸福の総量を最大にするような選択肢を選べ」）とほぼ同じである。シンガー自身も自分の立場が功利主義

の一形態であることを認めている。ただ，功利主義の場合は最大幸福原理が唯一の原理だとみなされていたわけだが，シンガーは別にこれが唯一の原理だと限定はしていない。つまり，利益に対する平等な配慮の原理がまったくの的外れだと思うのでないかぎり，それ以外にどんな原理を受け入れていても，シンガーの議論は有効だということになる。

| 動物の解放 |

さて，ここまで認めてもらえるなら，**動物解放論**まではもうあと一歩である。利益を平等に配慮するということは，その利益をもつ者が誰であっても平等に配慮するということである。そして，その「誰」を人間に限定する理由はこの原理のなかには何もないので，動物の利益であっても平等に配慮されなくてはならないはずである。つまり，利益に対する平等な配慮の原理を最低限の原理として受け入れる者は，B4型の動物解放論もまたすでに受け入れてしまっているということである。

ここでもし単に「種」が違うというだけで，平等な配慮の原理を人間だけに限って他の種を排除するならば，それは「種差別」（speciesism）であるとシンガーはいう。種差別とは性差別（sexism）や人種差別（racism）とのアナロジーで作られた言葉である。種が違うというだけで配慮の範囲外に置くことができるのなら，同じ論理を使って，性別や人種が違うというだけで相手を配慮の範囲外に置くことも正当化されてしまうはずである（その他の反論についてはまたあとで検討する）。

では，平等な配慮の対象は無制限に拡張していくのだろうか。実は，利益に関する平等な配慮の原理はそれ自体のなかに制限をもっ

ている。というのも，利益をもつことができない者はこの原理のもとでは配慮の対象にはならないため，自然に配慮からはずれるからである。では，利益をもつことができる者とできないものを分けるのは何だろうか。シンガーは，それは幸せになったり不幸になったり，喜んだり悲しんだり，楽しんだり苦しんだり，といった心理的能力だと考える。こうした能力は「有感性」(sentience) と呼ばれ，有感性を備えた生物は「有感生物」(sentient being) と呼ばれる。「利益」という言葉自体の定義により，有感生物にとって，幸せになったり楽しんだりすることは利益であり，不幸せになったり苦しんだりするのは害である。これは人間について利益という言葉を使う際の用法とも合致している。

　他方，有感でない生物や無生物について「利益」を云々するのはばかげており，せいぜい比喩的にか，あるいは外からの勝手な押しつけとしてしか使用できない。どこまでが有感生物かという明確な線を引くのは難しいが，人間との解剖学的な類似や外面的行動から考えて，少なくとも脊椎動物は有感生物であると考える十分な理由がある。

　このように，利益に関する平等な配慮の原理は有感生物の利害を人間の利害と同等に扱うことを要請する。工場畜産（動物をあたかも食肉を作る機械のように扱う集約的な畜産業）や動物実験は，そうした営みから人間が得る利益にくらべて，動物に与えられる苦痛や危害が非常に大きいことから，正当化できない。もちろん正確に危害や利益の量を計算することはできないが，シンガーは『動物の解放』のなかでこれらの営みについて詳しく紹介し，どう見積もっても動物の不利益のほうがはるかに大きいことを人々に納得させた。だからこそ『動物の解放』は動物権運動の火付け役となったのであ

る。

 ただし，利益を平等に配慮するということは，扱いを同じにするということではない。利益とは何かについての上記のような理解からは，何がその人（動物）の利益かは本人が何をのぞんでいるかによって決まるといえる。動物解放というと，動物にも選挙権を与えろというのか，といった反応があるが，選挙という概念を理解することのできない動物には，選挙権を得たいという欲求は原理的に存在しえず，選挙権をもつことへの利害も発生しない。シンガーはこのような考察を押し進めて，実は多くの動物にとっては死なないこと自体への利益というものも存在しないと論じる。というのも，ほとんどの動物は「死ぬ」という概念が理解できないからである。動物が十分に幸せな生涯を送り，苦痛なく殺されるなら，肉食も原理的には禁止されないということになる。ただ，現在の食肉の大半を占める工場畜産はそうした条件を満たしていないため，実際上は肉食に反対することになるのである。

 以上のように，シンガーの議論は，われわれが当然受け入れているはずの単純な原理から出発して，何が配慮の対象となり何がならないかについての一貫した説明を与えている。こうした単純さと一貫性がシンガーの長所であるとともに，倫理はそう単純なものではないと考える多くの人の批判をあびる点ともなっている。

リーガンの「動物の権利」論

シンガーと，シンガーの影響をうけて動物の解放運動を始めた人々の一番大きな違いは，「権利」を中心に据えるかどうかという点である。動物権運動という名前が端的に示すように，この運動は動物に人間と同様の意味での権利があるとする立場だが，シンガ

ーの議論には,実は「権利」という言葉はほとんど出てこない。これは偶然ではなく,権利という概念はシンガーの議論の枠組みとは非常に相性が悪い。というのも,あらゆる利益を平等に配慮するということは,権利によって保護される基本的利益ですら,より大きな利益と対立する場合には後回しにされるということを意味する。つまり,シンガーの枠組みでは権利は(人間の権利であれ動物の権利であれ)絶対的なものではないのである。

これでは困ると考えた人たちは,権利を中心概念とした動物倫理を展開するようになった。この展開の理論的根拠となったのが哲学者のリーガン(T. Regan)の一連の著作である(Regan [1983];小原 [1995]に一部翻訳あり)。

人間中心主義やシンガーの立場に対する対案としてリーガンが提案するのは,「生の主体」(subject of life)には,何か他のものの手段としてではなくそれ自体で価値がある(これを倫理学用語で「**内在的価値をもつ**」と表現する)という立場である。生の主体とは,リーガンによれば,単に有感であるだけでなく,欲求と信念,記憶や未来の感覚,感情生活や通時的心理的同一性(昨日の自分のやったことを覚えていたり,未来の自分のために計画をたてたりといったことができる)などをもつことが要求される。生の主体にそれ自体で価値があるという主張は,なにかもっと基本的な原理から導きだされるわけではなく,これを仮定として受け入れた結果得られる倫理学理論が整合性や直観との適合性という条件をよく満たすということから間接的に支持される。

シンガーは未来の感覚や自己の感覚は非常に限られた種にしか存在しないと考えたが,リーガンは,一歳以上のほ乳類なら,精神障害などの特別の事情がないかぎりはこうした能力をもっている,と

考える。リーガンがこの主張の根拠とするのは，動物の行動や解剖学だけではなく，われわれが動物について語る際に何の疑問ももたずそうした言い方をしているということである。

生の主体であるということが内在的価値をもつということは，その価値に見合った敬意をもって生の主体に接する義務が周囲の人々に発生するということであり，これはそのように敬意をもって扱われる権利を生の主体がもつというのと同じことである。一般に，「AさんがBさんに対して義務をもつ」ということは「BさんはAさんに対して権利をもつ」ということを意味し，義務と権利は表裏一体の関係にある。

欲求や感情をもつ存在を敬意をもって扱うということは，そうした欲求や感情に反することをしない，つまり危害を加えないということを含意する（とリーガンは考える）。こうして，生の主体に危害を加えてはならない，という「**危害原理**」（harm principle）が導きだされる。通常は危害原理は「他者に危害を加えてはならない」という形をとるが，リーガンの場合は「他者」の中身をより詳しく説明した形となっている。いずれにせよ，生の主体であるというだけでは危害原理によって保護される条件として十分ではないと考えるなら，人間の多くもまた保護されないことになり，きわめて直観に反する結果となる。単に種が違うというだけで人間に危害原理があてはまるのに他の種にはあてはまらないと考えるならそれは種差別である。このあたりの論理構造はシンガーの場合と同じである。

危害原理には当然殺してはならないという義務も含まれている（含まれないとすれば人間も殺されない権利をもたないことになり困ったことになる）。これが一歳以上のほ乳類全般にあてはまるからには，彼らの死をともなうような営み，つまり動物実験や畜産（工場畜産に

かぎらず）は，人間にどれだけ利益があるかにかかわらず全面的に禁止されるべきだということになる。これはシンガーよりもはるかに強い立場である。

なお，リーガンは生の主体だけが内在的価値をもつと主張しているわけではない（生の主体であることは内在的価値をもつことの十分条件だが必要条件ではない）。人間の赤ん坊は生の主体の条件をみたすかどうか微妙なところだが，リーガンの議論は赤ん坊に危害原理があてはまることを否定してはいない。

さて，以上のような議論は，生の主体に内在的価値がある，という根拠のはっきりしない仮定から出発しているためにあやふやなものに思えるかもしれない。しかし，他者に危害を加えてはならないという危害原理はほとんどの倫理学理論が認めている。他者の範囲を人間に限る原理的な理由がないなら，危害原理自体から動物解放論が導きだせるはずである。

動物解放論に関する疑問と回答

以上のような動物解放論の議論についてはさまざまな批判がなされてきており，それに対してシンガー，リーガンをはじめとした動物解放論側からの回答も用意されている。膨大な文献のあるこの論争の全体像をここで紹介することはできないが，人間中心主義と動物解放論の間の主な応酬を紹介しよう（シンガー［1988］；ドゥグラツィア［2003］などを参照）。

まず，動物権という考え方をばかばかしいと考える人が真っ先に挙げる反論がある。それは，人種差別や性差別は知的能力などに差がないのに差別するのが問題だったわけで，知的能力において人間とまったく違う動物を別扱いするのとは根本的に違う，という議論

である。これについてはいろいろな側面からの回答がありうる。そもそもこういう主張をする人は、仮に白人と他の人種で知的能力に差があることがわかったら白人以外の人種から人権を奪ってもかまわないと考えているのだろうか。もしそうでないのなら、人間と動物の差別化のためだけに知的能力を根拠として持ち出すのはつじつまが合わない。さらにいえば、ホモサピエンスでも幼児、老年性認知症、重度の知的障害などの理由により、知的能力だけをくらべるならある種のほ乳動物（たとえば大人のチンパンジー）よりも劣る人々がいる。もしチンパンジーが知的能力において劣るというだけの理由で権利を認めないのなら、これらの人々にも権利を認めないことになるはずである。

この論争のなかでは幼児、老年性認知症、重度の知的障害をもつ人々などを総称して「**限界事例**」（marginal case）と呼ぶことが多いので、ここでも以下この言葉を使う。この限界事例に基づく回答は、動物解放論に対するほかの批判の多くにも有効に機能する。たとえば「倫理というものは善悪を判断できる者同士の間でのみ成立するのだ」といった議論や、「他の動物には義務がないのに人間だけが一方的に義務に縛られるのは不公平だ」という議論は、限界事例をどう扱うかという問題に直面するため、そのままではうまくいかない。

次によくあるのが、人間が動物を支配し利用するのは自然の摂理だから問題ない、というタイプの反論である。これに対しても何通りかの反論がある。まず、そもそも自然の摂理なる概念が非常に曖昧である。さらには、自然の摂理という概念をどう理解するにせよ、動物実験や工場畜産と呼ばれるような高度に合理化された畜産業は「自然」からはほど遠い。しかも、倫理的な判断は自然の摂理に反

することが多い。死期のせまった人を手を尽くして延命させることは自然の摂理に（この言葉をどう理解するにせよ）反しているように見えるが，倫理的にはそうした努力は要請される。つまり，種差別は自然の摂理だからやってよい，というのは何重にもおかしな議論なのである。

　以上のような議論よりはまだしも強力な批判として，感覚や意識をもつものともたないものの線引きはどうやってやるつもりか，はっきりした線が引けないのなら，どこまで殺したり食べたりしてよいかわからないではないか，という議論がある。これに対しては，動物解放論の側は明確な線引きは不可能であることを認める。しかしそれは感覚や意識をもつ存在であることがはっきりしている動物を配慮しない理由にはならない。他の事例に置き換えればこれが反論となっていないのは明らかである。殺人を犯したかどうかはっきりしない人が存在するからといって，殺人したことがはっきりしている人も処罰できないと考える人がいれば，それは非常に奇妙な考え方だといわざるをえないだろう。

　以上のように，動物解放論に対する反応の多くは無意識のうちに人間と動物の間でダブルスタンダードを持ち込んでいることに由来する。もちろんそうしたダブルスタンダードに頼らないもっと巧妙な反論もいろいろと考えられてはいるが，それについては章末参考文献を参照されたい。

3 環境倫理における動物解放論
●個体主義的に環境保護を考える

動物解放論から見た環境保護

動物解放論の立場から見たとき、環境保護はなぜ必要なのだろうか。ここでは、地域生態系の維持について考えてみよう。生態系の中心となる植物は有感生物ではない（ましてや生の主体ではない）から、植物は直接の配慮の対象とはならない。

しかし、だからといって地域生態系の維持が動物解放論の観点から重要でないということにはならない。野生の有感生物（ここでは脊椎動物は少なくともすべて有感であるという仮定で話をすすめる）もまた生態系を構成する重要な要素である。そして、利益に対する平等な配慮の原理を使うにせよ、危害原理を使うにせよ、人間に飼育されているかどうかはその動物が配慮の対象になるかどうかには関係しない（関係させるとしたら、種差別以上に筋のとおらない「野生差別」ということになるだろう）。したがって、動物解放論の観点からは生態系を構成する野生動物に危害を加えてはならず、その結果として地域の生態系も守られることになるだろう。

また、地域生態系の維持はそこに生息する動物にとって切実な問題である。植物は、あくまで有感生物にとって役に立つかどうかという基準で間接的に配慮されるだけではあるが、地域生態系に関していえば、生態系を構成する植生を破壊することは、間接的にその地域に住む動物の生活をおびやかすことになり、動物解放論の観点からも認められない。これは、いわゆる人間中心主義的な環境保護論と同じ論理ではあるけれども、生態系保護は、ある程度生態系と

独立に生活できる人間とくらべ，野生動物にとっての方がはるかに切実である。動物解放論に基づく生態系保護は，有感生物の暮らす地域に関しては非常に厳格なものとなるであろう。

　生態系のバランスを維持するために，増えすぎた種の個体数を調整することについて動物解放論はどう考えるだろうか。個体数調整の一般的な手法としては狩猟がなされることが多いが，これは直接には狩られる個体にとって苦痛や不利益があるため望ましくない。しかし，計画的な調整を行わない場合，増えすぎた種が大量に餓死して結局大きな苦痛を引き起こすことになる。したがって，もし狩猟をするか放置して増えすぎるのを待つかという選択になるなら，狩猟をするべきだという判断にも一理あることになる。ただ，避妊など別の方法で個体数調整ができるならそのほうが望ましいだろう。

　では，本章の冒頭で紹介したタイワンザルの問題について動物解放論からは何がいえるだろうか。有感生物自身にとっては，種の純粋性が維持されるかどうかに関する利害が存在するとは考えられない。生息可能な環境が存続するかぎり，有感生物にとって生態系は維持されていると考えられるべきだろう。他方，捕獲され安楽死処分にされる過程で捕獲された個体が経験する苦痛はマイナスに評価される。人間もまた有感生物だから，純粋な生態系を維持したいという人間の利害も計算には入るだろうが，タイワンザルの側の利害より大きいとは考えにくい。このように，動物解放論から環境保護を考えるなら，どういう生態系が維持されるべきかということについて明確なイメージが得られるとともに，移入種問題についても動物保護と環境保護の両方を統一的に扱う視点が得られることになる。

生命中心主義からの批判

しかし，動物解放論は環境保護の論拠としては弱すぎるという批判がより過激な環境保護論者たちからあびせられる。以下では，生命中心主義と生態系中心主義の二つの立場からの批判を見ていこう。これらの立場との差をはっきりさせることは，動物解放論についての理解を深めることにもなる。

まず**生命中心主義**（biocentrism）であるが，これは生命には内在的価値があるから生命をもつものすべてに対して敬意をもって接するべきであるという立場である。これはシュヴァイツァー（A. Schweitzer）の著作で広く知られるようになり，現在ではテイラー（P. W. Taylor）らの哲学者によって支持されている。生命中心主義から見ると，人間中心主義が人間のことしか配慮しないのと同じように動物解放論は有感生物のことしか配慮しない「**有感主義**」（sentientism）として批判されることになる（リーガン流の立場では配慮の対象の範囲は有感生物よりも少し狭いことになるが，生命中心主義などとの比較では大局的にはあまり変わらないので有感主義としてまとめて扱われる）。

では，生命中心主義はどういう根拠から生命をもつものすべてを大事にせよと主張するのだろうか。直観的には生命中心主義は「命を大事にしよう」という，幼いころから教え込まれてきた規則に基礎をおいているように思われるが，テイラーらはより理論的な根拠づけをこころみている。有感主義（特に動物の権利論）は，一見非常に平等主義的であるように見えるが，人間は有感性において他の動物よりも優れていることがすでにわかっているため，この基準で評価すれば人間が一番大事にされることになるのは目に見えている。それにもかかわらずその基準を採用するのは偏向しているのではな

いか，というのがテイラーの批判のポイントである。

ではどういう基準ならよいのか。人間はたまたま進化の過程で知性や感覚が重要な役割を果たすような方向に進化してきたが，他の生物は別の戦略で生き延び，進化してきた。そうした戦略の差に対して偏らないような評価基準こそ真に平等な基準となる。生存戦略の多様性を超えてあらゆる生き物に共通するのは，生き延び，子孫を残すという目的である。そこで，この目的を尊重することこそが，偏向のない倫理であるとテイラーは考えた。そこで出てくるのがあらゆる生物の目的，すなわち生命を尊重すべし，という生命中心主義の基本原則なのである。

生命中心主義はあらゆる生命を直接の配慮の対象とすることで非常に強力な環境保護の論理となるが，問題も多い。有感主義からは，生命中心主義は「目的」という概念を乱用している点が批判される。現在の進化生物学で生物の体の構造や習性について目的という言葉を使う（「心臓の目的は血液を循環させること」といった形で）ときはあくまで比喩的な意味で使われており，実際には機械的な自然選択というプロセスでそうした構造や習性が作られていると理解するのが定説である。「生き延び子孫を残すという目的」についても同じことがいえる。これに対し，本来の意味で「目的」が存在するためにはなんらかの意志の働きがなくてはならず，結局有感生物だけが目的をもちうる（したがってその目的を尊重されうる）ということになる。

生態系中心主義からの批判

動物解放論の特徴を理解する上でもう一つ参考となるのが，**生態系中心主義**（ecocentrism）からの批判である（Hargrove [1992]

などを参照）。生態系中心主義はレオポルド（A. Leopold）の土地倫

理をベースとして，キャリコット（J. B. Callicott）らが整理した立場であり，生態系そのものが内在的価値をもち配慮の対象となると主張する。

有感主義においては配慮の対象となるものは個体（一匹一匹の動物）であり，個体を単位として考えるという点では生命中心主義も同じである。これは，これらの立場が出発点とした近代の自由主義（liberalism）がそもそも個人の権利をベースとする個人主義的倫理であったことに由来する。しかし，人間社会のなかの倫理においても，個人主義的倫理が共同体の価値を過小評価してきたことが反省され，共同体それ自体に価値を認め共同体の維持を義務と見なす共同体主義（communitarianism）という立場が提案されてきた（自由主義と共同体主義の論争についてはラスマッセン［1998］などを参照）。

倫理学においては，個々の構成要素ではなく，構成要素によって構成される全体の統一や有機性に内在的価値があると考える立場を総称してホーリズム（holism，全体論）と呼び，そうした価値を認めない立場を個体主義（individualism）と呼ぶ。この呼び方に従えば，共同体主義や生態系中心主義はホーリズム，有感主義や生命中心主義は個体主義ということになる（よく混同されるところであるが，ファシズム国家などが全体主義と呼ばれる際の「全体主義」は totalitarianism であり，holism とは別物である）。ここまでに出てきたさまざまな立場を表の形で整理するならば表6-1のようになる。動物解放論は，個体主義的非人間中心主義のなかで，有感性を重視する有感主義の立場をとる立場だということになる。

キャリコットらは，環境倫理における個体主義的立場は生態系というものの重要性を無視しており，生態系を維持するための論拠としては決定的に不十分だと考える。生態系の維持になによりも重要

表6-1 人間と人間以外のものの関わりに関するさまざまな立場

	人間中心主義	非人間中心主義
個体主義	自由主義	有感主義 { シンガー型 / リーガン型
		生命中心主義
ホーリズム	共同体主義	生態系中心主義（土地倫理）

なのはバランスであり、生態系がバランスがとれているかどうかは個々の生物個体だけ見ていても判断できない。

 生態系中心主義と有感主義の立場の差は、個体数調整のための狩猟をどの程度認めるかという判断に端的に現れる。有感主義では狩猟はいわば最後の手段であり、生態系のバランスが崩れることによって生じる有感生物への不利益と両天秤にかけて、狩猟という手段に訴えるかどうかを慎重に判断する必要があるが、生態系中心主義ではむしろ個体数調整は積極的に行うべきだということになる。タイワンザルの例についても、生態系中心主義からは、遺伝的汚染で生態系が攪乱されること自体がネガティブに評価され、安楽死という処分を支持する結論が出るだろう。

 生態系中心主義からのこうした批判に対しては、有感主義は、もう一度、何のために生態系を維持するのかと問いかけることになるだろう。生態系が大事だということはいまさら誰も否定しないが、なぜ大事なのかをきちんと考える必要がある。生態系がそれ自体で価値をもつというならその根拠を示す必要があるだろうが、その根拠は非常にあいまいである。もし「あらゆる生命が生態系に依存しているから」といった根拠を持ち出すのであれば、生態系の価値は生命や有感生物の価値から派生する非内在的価値ということになり、

結局有感主義や生命中心主義で十分だということになるだろう。

以上,動物解放論とは何かを理解してもらうために,まず,動物解放論の動物倫理のなかにおける位置づけと,動物解放論を支える理論的根拠を検討した。動物解放論は一方では人間中心主義から批判され,他方では生命中心主義や生態系中心主義といった環境主義の立場からも批判されるという苦しい立場にある。しかし,動物解放論を支えるのは近代の人権教育においてわれわれのなかに深く植え込まれた倫理原理であり,この支えの部分が変わらないかぎり,動物解放論は一定の勢力として支持され続けるであろう。

演習問題

1 動物倫理におけるカントの立場(B2)と動物愛護運動の立場(B3)では,具体的な動物の扱いに関してどういう違いが生じるだろうか,考えてみよう。

2 シンガーの立場とリーガンの立場の共通点と相違点をまとめてみよう。

3 動物解放論への批判の一つとして,「もしかしたら植物も痛みを感じるかもしれない」というものがある。この批判は批判として成立しているだろうか,また,動物解放論の側からはこの批判に対してどう答えられるだろうか,考えてみよう。

★ 参考文献

小原秀雄監修 [1995]『環境思想の多様な展開』〈環境思想の系譜 3〉,東海大学出版会。

ピーター・シンガー(戸田清訳)[1988]『動物の解放』技術と人間。

ピーター・シンガー(山内友三郎・塚崎智監訳)[1999]『実践の倫理』昭和堂。

デヴィッド・ドゥグラツィア(戸田清訳)[2003]『動物の権利』岩波書店。

瀬戸口明久 [2003]「移入種問題という争点――タイワンザル根絶の政治学」『現代思想』31巻13号,122-134ページ。

羽山伸一 [2001]『野生動物問題』地人書館。

デヴィッド・M・ラスマッセン編（菊池理夫ほか訳）[1998]『普遍主義対共同体主義』日本経済評論社。

Hargrove, E. C. ed. [1992], *The Animal Rights/Environmental Ethics Debate: The Environmental Perspective*, State University of New York Press.

Regan, T. [1983], *The Case for Animal Rights*, University of California Press.

Taylor, P. W. [1986], *Respect for Nature: A Theory of Environmental Ethics*, Princeton University Press.

第7章 生態系と倫理学

遺伝的決定と人間の自由

本章のサマリー

地球温暖化によって海水が淡水化して熱を運ぶ機能が低下すると,メキシコ湾流によって温暖化されていた北部ヨーロッパが寒冷化し,人間の生活が不可能になるかもしれないという指摘がなされている。また,大量に発生する環境難民の流入を防ぐために,軍事力の行使が必要であるというレポートが出されている。アメリカは生存競争に勝たなくてはならないという立場が示されているが,生存競争という思想は,生態学の概念が倫理学の領域に導入された事例の一つである。生態学の枠組みが倫理学のなかに導入されてさまざまな自然主義的倫理が提案されている。

本章で学ぶキーワード

ペンタゴン・レポート　thermohaline conveyor（熱塩輸送システム）　環境難民　生存競争　社会ダーウィニズム　最適者の生き残り（スペンサー）　土地倫理（レオポルド）　共有地の悲劇（ハーディン）　負担能力（carrying capacity）　経済人（homo economicus）　見えざる手（スミス）　救命艇の倫理（ハーディン）　エコロジカル・フットプリント（ecological footprint）　自然主義　アプリオリ主義　乳飲み子の倫理（ヨナス）　定言命法　功利主義（utilitarianism）

1 「温暖化＝ゆっくりした変化」ではない

●自然災害の増加

　温暖化によって東京の年平均気温が2度あがるということは、だいたい現在の宮崎県の気温に近くなることを意味する。東京近辺の農作物は、おそらく増加するだろう。真夏のクーラー使用時間は増大するだろうが、大量の都民が東京から北へ移住するほどではない。

　温暖化の悪い影響も、だいたい受け入れることができると考えている人は多い。国土が水没するかもしれないキリバス（人口10万人）、ツバル（人口1万人）、モルディブ（人口27万人）は深刻で、ツバル政府は島民の海外脱出を決定している。

　ところが温暖化が引き金になって、ヨーロッパで寒冷化が起こる可能性があると指摘されている。

　「時はいまから約1万2000年まえ。そのころの地球は、最後の氷期を脱して徐々に気温があがってきた最中だったのだが、約1万2000年まえに急に寒のもどりがあって冷えこんだ時期がある。それが約1000年間つづいた。この奇妙な1000年間を、気候学では「ヤンガードライアス期」とよんでいる。当時、地球が温かくなってきたため、カナダにあった氷河が解けだして、海に大量の水が、しかも急にそそぎこまれた。すると、多量の真水で海の塩分が薄まる。塩分が薄まれば海水は軽くなる。そのため、北大西洋では海面の水が冷やされても以前ほどには海水が重くならず、沈みこみが弱くなった。深層循環が、その出発点で弱まってしまったのである。沈みこみが不十分なのだから、南の暖かいところからやってくる表層の海流も、これまで

どおりには北まで流れてくることができない。こうして，南から運ばれる熱が減り，ヨーロッパは冷えてしまった。深層循環の姿が変われば，気温が5度や10度くらい軽く変動してしまうのは，このような過去の例からもあきらかなのだ」(保坂[2003] 228ページ)。

このような変化について，アメリカの地球物理学者リチャード・B. アレイは「イギリスの北部では白熊が薔薇と入れ替わるかもしれない」(リチャード・B. アレイ[2004] 179ページ) と表現している。

こうした気候変動から生まれるさまざまの社会的な変化を予測して，アメリカの国家的利害という観点からまとめた報告書がある。

環境関係の研究者の間で話題になったことのある「**ペンタゴン・レポート**」(鳥取環境大学地球環境問題研究会訳) というのは「急激な気候変動シナリオとその合衆国の国家安全保障への含意」というピーター・シュワルツ (Peter Schwartz) とダグ・ランドール (Doug Randall) の論文 (2003年10月) である。

「ペンタゴン・レポート」によると「最近の調査研究が示すところによれば，こうした緩やかな地球温暖化によって海洋の熱塩輸送の速度がかなり急速に低下し，その結果として，現在，世界の食糧生産の相当部分を提供している地域において，ややもすると冬季の天候の過酷化，土壌に含まれる水分の急激な減少，強風化が進む可能性がある」(同) という。

ここで聞き慣れない言葉「**海洋の熱塩輸送**」というのは，次のような世界規模の熱移動システムである。

極域海洋で海水が凍結する時に形成される低温で塩分濃度の高い海水は相乗効果で密度が最も高い。この密度差を駆動力として流れる海洋循環のことを **thermohaline conveyor**（熱塩輸送システム）と

いう。それは海洋の底部に沈み込み底層流となり低緯度の海底まで流れ太平洋の中央で浮き上がりメキシコ湾流に運ばれ、再び大西洋の高緯度に戻るという世界的なコンベアベルトを形成している。

緩やかな温度上昇が引き金になって、急激で局地的な温度の低下が発生する。すなわち「一度特定の閾値を超えて気温が上昇すると、気象状況の逆方向の変化がかなり急激に進展し、その際には、特定地域の温度を 10 年間で 2.8 ℃～5.6 ℃ も低下させるほどの大気循環上の持続的な変化が伴う」というのである。

> 「全体的に見て、典型的な気候変動シナリオ群の下では、世界の食糧生産高は増加すると考えられている。こうした気候変動の捉え方は、危険な自己欺瞞かも知れない。というのも、ハリケーン、季節風がもたらす豪雨、洪水、長期にわたる旱魃といった天候に関連した災害が、世界のあらゆる地域で増加しているからである」(同)。

熱塩輸送機能の変化によるものだけでなく、温暖化によってすでに発生していると考えられている変化に、台風やハリケーンなどの暴風が激しくなるという現象がある。それによって自然災害による経済損失は増加してきている。一説によると、自然災害による経済損失は、年率で 12% 増加しているのに対して、世界経済は年率で 3% 増加しているにすぎない。

2 21 世紀のキーワードは「環境難民」
●世界の半分で水不足

「難民」というと戦争難民が思い浮かぶが、環境破壊によって住むべきところを奪われた人々が環境難民である。「環境難民とは、

〈生存そのものを脅かすか，あるいは生活の質に深刻な影響を与える著しい環境破壊のため，一時的または恒久的に，伝統的な居住地を離れることを余儀なくされた〉人々をさす。人々に移住を余儀なくさせる自然または人間活動に起因する環境要因の主なものは，自然資源の不足と不公平な分配，森林破壊とその他の環境劣化，自然・産業災害，気候変動，戦争の手段としての意図的な環境破壊と戦争の後遺症，過剰人口，そして開発プロジェクトである」(クリストファー・フレイヴィン編［2005］77ページ)。

環境難民の発生原因として最も重要なものは水不足だろう。清潔な飲み水の確保は，世界的にみると最も深刻な問題で，食料の不足している地域に粉ミルクを送ったら，水の汚染が原因で赤ちゃんが大量に死亡するという事件が起こったことがある。同様の事態が発生する可能性は高い。世界で11億の人が清潔な水を得られないでいると，国連人口基金が2002年11月に発表している。しかも，水不足の起こりやすい地域で人口が増加している。2025年には世界の半分近い人口（40億人）が水不足の起こりやすい地域に住むだろうという予測もある。

雨水から海水へ，海水は蒸気となって昇りまた雨水となる。水は地球を循環している。だから枯渇するはずはないのに，水不足が世界で深刻な問題になっている（循環型資源の枯渇）。地球を循環している水の97％が海水で，極地の氷が2％，使える淡水は1％にすぎないからである。

世界の水の使用量は70年間で6倍になった。人口が増えても降水量は増えない。人口が増えると穀物が必要になるが，穀物1トンを生産するのに必要な水は1000トンである。毎年9000万人の人が増える。一人が300キログラム（現在の世界平均）の穀物を必要とす

ると，毎年，穀物が2700万トン新たに必要になり，そのための水が270億トンである。これが中国の黄河の水の半分に当たる。つまり世界は2年毎に黄河の水が増産されないと，かならず穀物不足になる構造になっている。しかも，世界の水資源はアマゾン流域，カナダ，アラスカなど，人口が少ない地域にかたよっている。

水の使い道は，だいたい生活用，工業用，農業用に分かれる。細かくいうと発電，養魚，消雪などの用途もある。工業は水1トンを使って14000ドルのお金を生み出すのに，農業はその70分の1，200ドルしか生み出さない。世界中で工業化が進むと，水が工業の領域に吸い取られていく。

3 アメリカは自国中心主義の強化
●国家主権を超える地球的利益

ミリタリー・バランスから軍事帝国主義へ

2000年のアメリカ大統領選挙期間中に行われたテレビ討論会で，ジョージ・W.ブッシュは「私がするつもりのないことの一つを申し上げると，京都条約に従って，世界の空気を浄化する重荷をアメリカに背負わせるつもりはないということです。中国とインドは，その条約から免除されました，私たちはもっと公平であらねばならないと思います」と発言した（ピーター・シンガー［2005］33ページ）。

京都議定書からの離脱は，ジョージ・W.ブッシュの選挙公約でもあった。その基本的な考え方は，この発言に読み取れる。すなわち，国益と公平である。国益について，彼はこう語っている。

「もっとも重要な問題は，なにが合衆国にとってもっとも利益に

なるかということです。なにがこの国の人びとにとってもっとも利益になるでしょうか。外交政策についていえば，それが，私を導く問いになるでしょう」(ピーター・シンガー [2004] 157 ページ)。国の最高責任者である大統領が，国益最優先という原則に従うという宣言をすることは，国際社会の中では常識的であるかもしれない。しかし，そこから出てくる帰結が，京都議定書からの離脱であるということは，地球の利益が国益に優先するという原則が，政治の世界では認められていないということを示している。

国家間の関係について，国際政治学の平均的な見解を要約すると次のようになる。

1. 主権国家の集まる国際関係の性格は，中央権威の不在という意味で基本的にアナーキー(無秩序状態)である。
2. 国家利益の最高価値は生存確保(安全保障)となるが，無秩序状態の中で国家は常に望まない状態が発生することへの恐怖の下に置かれる。このような状況下に置かれることは「戦争状態」と呼ばれる。
3. そこで，すべての国家は自助により生存確保(安全保障)を追求することになり，その手段としての「パワー」を追求することになる。
4. これによりすべての国家が勢力均衡(バランス・オブ・パワー)形成へと向かうことになる。すなわち，より強い国家の出現により自国の安全保障が脅かされるのを防ぐため，国家は同盟し，あるいは戦争に訴えてでも勢力均衡を維持，回復しようとすることになる。
5. これをマクロな視点から見ると，国際秩序は国家のパワーの配分状況という「構造」によって維持されているととらえること

ができる。逆に国家の行動は，国際関係の構造によって拘束を受ける（蟹江［2004］10 ページ）。

ここから「すべての国が国益至上主義を採用することは，国家としての当然の権利である」という結論を出しても不自然ではない。しかし，環境問題という国益を超える地球規模での，全人類の生存に係わる重要問題に対しても，国益至上主義を採用するということは，地球規模での人類の利益にそむいても国益を追求するという極端な，国家エゴイズムに直結してしまう。

世界には強い国と弱い国がある。弱い国が強い国に対して国益至上主義を主張することは許容される場合があるが，強い国が弱い国に対して国益至上主義を主張することは，一つの強国が他の諸国を力で支配する世界体制，すなわち帝国主義を生み出してしまう。

アメリカは，冷戦時代が終わって以後，バランスを欠いた，世界で最も強い軍事力をもっている。

> 「軍は 2003 年なかばには深刻な拡張過剰状態にあり，アメリカは軍事機構に資金を提供するために借金にどっぷりと漬かりつつあった。すでに国際問題に割り当てられた予算の 93 パーセントが軍に行っていて，国務省には 7 パーセントしか与えられなかった。2003 年中に国防総省は 25 万人の将兵をイラクに展開させ，そのいっぽうで数千の兵士がアフガニスタンで毎日掃討戦に従事していた。無数の海軍将兵が北朝鮮沖の海域で軍艦に乗組み，数千という海兵隊員が 1 世紀前に起源を持つイスラムの分離主義運動と戦う地元部隊を支援するためにフィリピン南部にいた。そしてコロンビア（とたぶんアンデスのそのほかの地域）では，数百人の「軍事顧問」たちが，いずれベトナムのような動乱に発展するかもしれない状況に関与していた。ア

メリカは国連の189の加盟国のうち153の国々に軍隊を置き，そのうちの25カ国に大規模な部隊を駐留させている。そして，少なくとも36の国と軍事条約や拘束力がある安全保障条約を結んでいる」（チャルマーズ・ジョンソン［2004］170ページ）。

環境難民の大量発生という事態に対しても，アメリカが自国中心主義を強化するだろうと予測されている。「合衆国とオーストラリアは，自国の周囲に防衛上の要塞を築く可能性が高い。国境地域の防衛は強化されるが，それは，カリブ海の島々（とくに深刻な問題であるが），メキシコ，南アメリカから流入する望まれざる飢えた移民を押しとどめるためである」（「ペンタゴン・レポート」）。

国境の警備を厚くして難民の流入を防ぐという政策が採用されるだろうという予測は的中する可能性が高い。「合衆国は活動を内政化し，自国民に食糧を供給するために手持ちの資源を投入し，国境警備隊制を強化し，国際的な緊張状態の高まりに対応していくことになる」（同）というのも十分にうなずける。

しかし，閉め出された環境難民の立場に立てば，彼らが難民となった責任を自ら負うべき理由は何もない。本来，地球全体あるいは地球のなかの先進国といわれる国々こそが，難民発生の責任を負うべきだろう。だとすれば環境難民を受け入れないということ自体が，人道に対する犯罪であるというべきではないだろうか。

4 最適者の生き残り

●最も小さいフットプリント

「**生存競争**」という考え方は，通常ダーウィン（Ch. Darwin, 1809〜82年）の進化論から影響を受けていると思われている。そこで，

「個人や，集団や，民族は，ダーウィンが自然界の植物や動物のうちに観察した自然淘汰と同じ法則に従っている」という考え方は，「**社会ダーウィニズム**」(social Darwinism) と呼ばれる。しかし，「社会ダーウィニズム」は，人種差別や性差別を正当化しているという理由で，人間の平等を重視するいわゆるリベラルな立場の人々（たとえば『パンダの親指』の著者グールド〔S. J. Gould〕）からは，きびしく批判されている。

「社会ダーウィニズム」のキーワードとなっている「**最適者の生き残り**」(survival of the fittest) という言葉は，ダーウィンに由来するのではなく，ハーバート・スペンサー (Herbert Spencer, 1820～1903年) が提唱したものである。スペンサーの「進歩について」(1857年) は，ダーウィンの『種の起源』(1859年) よりも早く公表されているので，いわゆる「社会ダーウィニズム」が，ダーウィンの影響だけから生まれたと見なすことはできない。

スペンサーの思想は次の言葉のなかに要約されている。「有機体発展の法則として発見されたものがあらゆる発展の法則である。相次ぐ分化の過程を経て単純なものから複雑なものへ向かう発達は，推測によりさかのぼることのできる宇宙の太古の変化にも，帰納的に確証できる変化にも等しく認められる」(スペンサー [1980] 420ページ)。

20世紀になり，環境についての思想がさまざまな形で登場しているが，その特徴の一つが生態学の枠組みで倫理的な問題を扱うという態度である。

ロデリック・F. ナッシュ (Roderick F. Nash) は『自然の権利』[1993] で，こうした思想の流れを次のように記述している。

「近年のアメリカ史を洞察する場合の最も有効な見方の一つは，

①1960年代に出現した『環境主義』(environmentalism) と，②いわゆる『自然保護思想』(conservation) との間の質的な差異にかかわるものである」(同12ページ，原文8ページ)。要するに，ピンショー (Gifford Pinchot, 1865～1946年) 流の功利主義(「人間が利用するための自然」という考え方) に対して，自然の根源的な価値という考えが出てきたというのである。

> 「1907年にギフォード・ピンショーが自然保護という言葉を使いはじめたとき，自然保護は，アメリカの環境思想の主流として確固たる地位を確保したのである。功利主義 (Utilitarianism) や人間中心主義 (Anthropocentrism) は早い時期から運動を展開していた。
>
> この考え方は自然を制御し，人間の物質的利益に役立てることにあった。これはもちろん長期的な需要という視点から考えられたものなのである」(同)。

こうした人間中心の功利主義に対して，「自然の権利」を唱える新しい見方が登場してくる。

> 「自然を囲い込んだり，自然を切り裂いたりすること (Impoundments and clearcuts) は，人々が自然を体験し，楽しむ権利 (the rights of people to experience and enjoy nature) だけでなく，自然自身の権利 (the rights of nature itself) を侵害することになると彼らは主張したのであった。このような変化は部分的には，①生態学が科学として確立されたこと (the rise of the science of ecology)，さらに，②生態学が広汎な一般大衆の熱意に受け入れられたことなどで説明することができる。生物学的共同体に新しい意味をもった概念をつくり出すことによって，生態学はまた，道徳的共同体の新たな基盤作り (a new ba-

sis for moral community) を示唆するものとなった」(同)。

ナッシュは、生態学が倫理学的基礎付けの領域に侵入し始めたということを、「自然自身の権利」とか、「自然の内在的な価値」とかのレオポルド的な主張の形でしか認めていない。たとえば、レオポルド (A. Leopold, 1887〜1948年) は「倫理とは、生態学的には、生存競争に於ける行動の自由に設けられた制限のことである」(レオポルド [1997] 316ページ) と述べて、倫理学を生態学の座標に置き換えて「**土地倫理**」(land ethic) という考え方を発表している。「生物共同体の全体性、安定性、美観を保つものであれば (when it tends to preserve the integrity, stability, and beauty of the biotec community)、正しい (right)。そうでない場合は、悪い (wrong)」(同 349ページ)。善悪の程度は生物共同体への貢献度で測られる。

こうした「自然の権利」という考え方だけでなく、ハーディン (G. Hardin) の思想も、ウィルソン (E. O. Wilson) の思想も、生態学の概念枠を、倫理学に導入したものと評価しなくてはならない。

5 ハーディンの「共有地の悲劇」(1968年)
● 「見えざる手」への反証例

生態学から倫理学への侵入の例として、有名なハーディンの「**共有地の悲劇**」を取り上げてみよう。

「共有地の悲劇は、次のように進展する。すべての人が使用できる牧草地を、想像していただきたい。そのとき、牧夫はおのおの、できるだけ多くの牛を共有地に放そうとすると考えられる。人間と家畜の数が、部族間の戦争、密猟、疾病によって、土地の許容量以下に保たれている限りは、このようなやり方も数世紀にわたって十

分に機能することだろう。しかしながら、ついにあるとき、最後の審判の日、すなわち社会的安定という長く待ち望まれた目標が現実となる日が、やってくる。この時点において、共有地に固有の論理が、悲劇を容赦なく生ぜしめるのである」(シュレーダー-フレチェット編 [1993] 下, 453 ページ)。すなわち放牧のしすぎによって、共有地が崩壊してしまう。

このモデルのなかに含まれる生態学的な法則性は、「**負担能力** (carrying capacity) を超えた個体数の放牧は、土地の荒廃をもたらす」という点に成り立っている。しかし、ここでは、個々の農民は自分にとって最大の利益をもたらす選択肢が与えられるなら、それを実際に選ぶという「**経済人**」(homo economicus) の仮説を、スミスの「**見えざる手**」のモデル(市場原理の働くところでは各人が最大の自己の利益を追求すれば、社会全体で最大の効率化が達成される)と共有している。しかし、結論は「見えざる手」とは反対になる。つまり、「共有地の悲劇」の直接の狙いは、「見えざる手」に対する反証例をあげることにあったのである。

そのなかには、自然保護に役立つ実際的な指針も含まれている。「国立公園もまた、共有地の悲劇の発生の一例を示す。現在、国立公園は、一切の制限なく、すべての人の入園を許している。公園そのものの範囲には限りがあるヨセミテ峡谷は一つしかないけれども、観光客の数は際限なく増加しているようだ。訪れる人々が公園のなかに求めている価値は、確実に損なわれていく。国立公園を共有地として扱うことをすぐにやめない限り、国立公園は誰にとっても価値なきものになってしまうのは明らかである」(同 453 ページ)。

しかし、こういう直接的な提言をすることが、この論文の狙いなのではない。「われわれの社会の法律は、古代からの倫理学のパタ

ーンを踏襲しており，その結果，複雑で（complex），密集して（crowded）おり，変化しやすい（changeable）現代社会に，十分に対応できていない」（同457ページ）。

たとえば，150年前であれば，草原でバイソンを殺した人が，「夕食のために舌だけを切り取り，残りの部分を捨ててしまっても」許された。しかし，いまバイソンの個体数が数千頭しかいないという状況では許されない。「人口密度が高くなれば，所有権概念を新たに定義し直す必要」（同455ページ）が発生する。要するに，自由，所有権，生存権などの基礎的な枠組みも，生態系の変化に応じて定義を変えなくてはいけないと，ハーディンはいう。

わかりやすい実例を作ってみよう。10人の人間に対して食糧が12人分あるなら，各自の自由な選択にゆだねてよい。最大の満足感が達成されるだろう。もしも8人分であるなら，基礎代謝量に応じた配分をして全員の生存をはかることができる。選択の自由を捨てて，生存権の平等を達成する。もしも，5人分しか食糧がないなら，均等に配分したり，基礎代謝量に比例して配分したりすれば，全員が死んでしまう。この場合の配分の目標は，最大個体数の生存であるから，生存権の平等を犠牲にして，食糧の供給を受けることのできる5人を選ばなくてはならない。

6 ハーディンの「救命艇の倫理」（1974年）
●誰が生き残るかの選択の根拠

救命艇の倫理の概要は次のようなものである。

「a. 世界の中で豊かな国を，ほどほどの数の人が乗船している救命ボートと考え，貧しい国を猛烈に混んでいる救命ボー

トと考えることができる。貧しい人は絶えず彼らのボートから落ち，しばらくの間泳いで，豊かな救命ボートの一つに乗船させてもらうことを願っている。

　b. ボートの外にいる貧しい人々の数は，船上の豊かな人々の二倍であり，すべての国家の土地と同じように，救命ボートの収容能力は限られている。人口増加，世界食糧銀行，無制限の移民，経済発達の促進が環境に負わせている重荷はすでに，しかるべき限度を越えている。

　c. 一つのボート，つまり合衆国というボートのことだけを考えるべきだ」(シュレーダー-フレチェット編 [1993] 57～77 ページ)。

この論文は発表されたときから，著者ハーディンを「道徳的意識の堕落した者」，「無神経なエリート主義者」と呼ぶ声があがったほどで (ド・スタイガー [2001] 122 ページ)，けっしてアメリカの知識人たちに受け入れられているとはいえないが，「ペンタゴン・レポート」の環境難民の流入を軍事的に阻止するという思想とは，まったく完全に一致している。

理論的な骨格は，「共有地の悲劇」とまったく同じであり，ハーディンも「このようにして共有地の悲劇が発生する」と述べている。理論的には，「自然環境の負担能力 (carrying capacity) を超えた個体数は生き残れない」という基礎原理を反復しているだけである。救命艇の倫理では，人口が減少する豊かな国が，世界食糧機構などの援助を通じて，人口が増大している貧しい国の人口増大を加速させれば，地球全体の総人口は地球の負担能力を超えるという指摘をしている。個体数が負担能力を上回れば生存権の平等が成り立たなくなるという指摘は正しい。

ところが、誰が生き残り、誰が生き残れないかという選択の問題になると、ハーディンの世界では、アメリカを中心とする先進国は生き残り、貧しい国の過剰人口は生き残ることが許されない。しかし、実は負担能力理論からは、選択の方法は導き出せないはずである。実際問題として、アメリカ人一人の土地利用（**エコロジカル・フットプリント**：ecological footprint）が世界平均の約五倍であるという事実に照らせば、アメリカ人を生き残らせることは、最大個体数の生存という目的に反している。

> 「世界人口は60億を超え……一人当りの真水の量や耕地面積は、資源の専門家が危険とみなすレベルに向かって減少している。エコロジカル・フットプリント（一人の人間が食べ物、水、住居、エネルギー、移動・輸送、商業活動、廃棄物の吸収処理のために必要とする、生産可能な土地と浅海の平均面積）は、開発途上国ではおよそ1ヘクタールだが、アメリカでは9.6ヘクタールである。世界平均は2.1ヘクタールで、現行のテクノロジーで世界中の人が現在のアメリカの消費水準に達するには、地球があと四つ必要になる」（ウィルソン［2003］51ページ）。

最大個体数を生き残らせるという原則に従うなら、アメリカ人こそ生き残り組から除外されなければならない。救命艇の倫理は、生態学的な原理を倫理に導入した理論ではなくて、白人優先主義という俗悪な偏見に負担能力理論を継ぎ足して作られたまやかしの議論である。

　世界中のすべての人間に安全と健康という最低生活の保障が与えられるようにならなければならない。そのためには貧しい国への豊かな国からの援助がどうしても必要である。「救命艇」の役割を演じる援助国自身が、沈没する危険は避けなくてはならない。

その際，次の問いかけには，十分な配慮をして，真剣に検討した上で回答しなければならない。「ものすごい大金をかけて地球の温度上昇をほんのちょっと下げることができたとしても，それが資源の使い方としてまずくて，同じ資金を発展途上国に向けたほうがずっと有効であるなら，温度上昇の緩和なんかにお金をかけるべきじゃないということだ。……京都議定書は，おそらく年1500億ドルかそれ以上かかる。ユニセフは，年にたった700-800億ドルあれば，第三世界の全住民に，健康，教育，上水，下水といった生活の基本を提供できると見積もっている。さらにもっと大事な点として，もしこんな大量の投資を現在の発展途上国に集められるなら，かれらは将来の地球温暖化に対応できるだけの，ずっと優れた資源やインフラを手に入れることができるわけだ」(ロンボルク［2003］526ページ)。

7 自然主義再考

●価値は存在に内在する

　倫理学者は，二派に分かれて，実在論:「倫理的義務の根拠は，存在であり，事実である」(**自然主義**，リアリズム)と，非実在論:「倫理的義務の根拠は，事実ではなく，存在に還元できない」(**アプリオリ主義**，超越主義，規約主義)という主張の平行線を描いてきた。

　プラトン(Platon)によると，人間の霊魂は地上に生まれて肉体を得る前に，真理や善美を知っている。ただし，生まれる前に「忘れる水」を飲んで，地上に生まれたときには，真理や善美の「イデア」を自分がすでに知っているということを忘れている。だから生まれる前にもっていた知を「想起」することが，真理や善美を知る

ことである(想起説)。これが非実在論,アプリオリ主義(経験にまったく依存しない真なる観念が存在するという立場)の典型的な考え方である。霊肉・心身の二元論,彼岸・此岸の二世界論が前提になっている。

プラトンの思想の近代の後継者は,カント (I. Kant, 1724〜1804年) で,人間は叡智界と感性界という霊肉二世界に属する二重的な存在で,感性からの因果性を排除して,意志を**定言命法**(あなたの格率が普遍的な法則となるように行為しなさい)に従って理性的に規定することが倫理であると考えた。

現代では,自然主義の主張が主流を占めている。「社会ダーウィニズム」(social Darwinism:個人や,集団や,民族は,自然淘汰法則に従っている),**功利主義**(utilitarianism:倫理,法律,社会制度は最大多数の最大幸福という原理に従っている),人間中心主義(anthropocentrism:万物の尺度は人間であり,自然物の価値は人間にとっての美醜,善悪,良否によって決定される)はどれも自然主義である。

しかし,伝統的な倫理学のなかで自然主義が排撃されたのは,「自然主義は自由意志を認めない決定論(determinism)となる。ゆえに責任という概念が成り立たなくなる」という説が唱えられていたためである。私が不倫をするという意志決定をしたとき,「不倫をする意志」そのものが私の身体(脳)によって決定されているのだから,不倫に対する責任を問うことができないという主張が,自然主義から導き出されるといわれる。

8 自然的サンクション
●アニミズムの消滅

　自然保護思想は決定論とは違うタイプの自然主義となっている。「人間は自然の生態系を保護することも破壊することもできる。どちらにすべきか」という問いのなかには，個人としての人間というよりは，技術・工業・市場経済というような巨大なシステムをもった，全体としての人間に，自然の未来を決定する自由があると見なされる。自然保護思想では，自然が人間の価値（真善美）を包括するような，もっと根源的な価値として登場している。

　レオポルドは「倫理とは，生態学的には，生存競争に於ける行動の自由に設けられた制限のことである」（レオポルド［1997］316ページ）と述べて，倫理学を生態学の侍女の位置に置いている。「物事は，生物共同体の全体性，安定性，美観を保つものであれば（when it tends to preserve the integrity, stability, and beauty of the biotec community），正しい（right）。そうでない場合は，悪い（wrong）」（同349ページ）。善悪の程度は生物共同体への貢献度で測られる。

　こういう場面を想定してみよう。ナカノシマペリカンという絶滅しかかっている鳥を食べようとする人に向かって，自然保護主義者が「その鳥の肉は有毒です」というウソをついて，ナカノシマペリカンを絶滅から救ったとする。するとそのウソは正しい（right）といわなくてはならないのだろうか。

　「ウソは悪いに決まっているが，この場合にはやむを得ない」と主張することは間違いであると，レオポルド主義者はいうはずであ

る。この場合には,そもそも「ウソは悪い」ということができないのだから。

そこで今度は反レオポルド主義者が登場する。彼は,情報の信頼度を維持することは社会の存立にとって決定的に重要であるから,ウソを許容できないという倫理基準を立てることのできない倫理的な原理(レオポルドの土地倫理,land ethic)は無効であると主張する。

人間のコミュニケーションそのものを支える倫理で,生態系の完全性という目的に還元できない価値(たとえば真実を語ること)が存在することは確かである。

自然主義の倫理にとって有利な材料は,個人の責任という曖昧な観念を社会生活に持ち込まなくても,自然の摂理に反するものは自滅するというサンクション(sanction:制裁)が機能するという「自然的なサンクション」の存在である。たとえば,樹木をすべて伐採してしまったイースター島の原住民は絶滅の危険に達し,完全に絶滅する寸前に救助された。人為的なサンクションがまったく不要であるなら,完全な自然主義こそが有効に働くことになる。

サンクションについて,ロック(John Locke, 1632~1704年)は『寛容についての書簡』(1689~92年)で,奇妙な発言をしている。「信仰を持たないひと(唯物論者)は,市民としての寛容を受けるに値しない」というのである。理由は,信仰をもたない人は,来世(死後の生)の存在を信じていない。ゆえに,自分が死ぬとわかったときにウソをついたり,悪事を働いたりする可能性があるから,市民として信用ができないという。つまり,来世の信仰は,サンクションの効力が死の瞬間にまで有効であるために必要だという議論である。

ロックをまねて次のような倫理基準を作ったらどうであろう。

「原始的なアニミズムの信仰をもたない人は、兵士にすべきではない。〈罪のない人を殺したり苦しめたりすれば、死後地獄に落ちて自分が同じ苦しみを受ける〉と信じていない兵士の行動はあまりにも危険であるから」。

アニミズム信仰にもとづくサンクションが機能していないということは、技術の支配が限りなく増大したり、さまざまな残虐行為が行われたりする一つの原因ではないかと思う。

9 市場経済のサンクション機能
●安全と公正と公共財

市場経済のグローバライゼーションは、環境問題に対して、政府の介入など外部的効果を少なくするように機能するのか、それともグローバライゼーションは、環境問題のパンドラの箱を開ける効果をもち、解決不能の坂道に世界全体を突き落とすことになるのか。

「すべての個人は自分の自由になる資本がどれほどであろうと、そのためのもっとも有利な用途を見出そうと絶えずつとめている。彼の眼中にあるのは、たしかに、彼自身の利益であって、社会の利益ではない。しかし、彼自身の利益の追求が自然に、あるいはむしろ必然的に、社会にとってもっとも有利であるような用途を彼に選ばせる。……彼は一般に公共の利益を推進しようと意図してもいないし、どれほど推進しているかを知っているわけでもない。……彼は自分の安全を意図しているだけである。また、その勤労を、その勤労の生産物が最大の価値をもつように方向付けることによって、彼自身の利得だけを意図している。この場合にも、彼は他の多くの場合と同様に、見

えない手に導かれて，彼が少しも意図していなかった目的を推進するようになる（led by an invisible hand to promote an end which was no part of his intension)」（アダム・スミス［2000］）。

ここにはほとんどサンクションの機能は意識されていない。「競争が自由で全般的であればあるほど，それはますます有益なものとなるだろう」（同）というとき，競争の敗北者はたぶん損害を負うことになるだろうが，再起不能ということにはならないような印象がスミスの文面にはただよっている。

市場経済の競争というゲームが公正に行われるためには，しかし，「欺瞞と暴力」の排除が有効に行われているはずである。また，市場経済方式では採算の成り立たない活動についての公共財の保証も存在するはずである。

アダム・スミス（Adam Smith）『諸国民の富』からふたたび引用する。「自然的自由の体系によれば，主権者が留意すべき任務は三つだけであり，この三つの任務はきわめて重要なものではあるが，ふつうの理解力あるものにとっては平明でわかりやすいものである。すなわち，第一に，その社会を他の独立諸社会の暴力と侵略から守る任務，第二に，その社会のそれぞれの成員を他のそれぞれの成員の不正と抑圧から守る任務，つまり厳正な司法制度を確立する任務，そして第三に，大きな社会にとっては費用を償ってあまりある利潤をあげることがしばしばあっても，一個人あるいは少数の個人にとってはとうていそのような利潤をあげることができないために，それを建設し維持することが一個人あるいは少数の個人の利益にけっしてなりえないような，ある種の公共事業とある種の公共施設を建設し維持する任務である」（アダム・スミス［2000］）。

安全が確立され，法的な公正が保証され，水道，病院，学校，郵

便制度などの公共施設が維持されている。こういう社会環境が，競争というゲームを取り巻いている。

しかし，競争の具体的なあり方は20世紀になると大きく変わってきている。シュンペーター（J. A. Schumpeter）によれば，競争は創造的破壊という形をとる。「経済学者は，価格競争という競争の伝統的な概念から抜け出しつつある。教科書的構図とは別の資本主義の現実において重要なのは，かくのごとき競争ではなく，新商品，新技術，新供給源泉，新組織型（たとえば支配単位の巨大規模化）からくる競争である。現存企業の利潤や生産量の多少をゆるがすという程度のものではなく，その基礎や生存自体をゆるがすものである。これは結局，完全競争ときわめて類似した行動を強要する」（シュムペーター［1942］，81~86ページ）。

技術開発は企業の生存自体をゆるがす。しかし，古典的な意味での価格競争でも，その競争が，一人年間所得が700ドルの国民と2万ドルの国民との間で行われたならば，人間の生存自体をゆるがすことになる。

どのような原理にも，それが有効に働く基礎的な条件がある。市場経済の基礎的な条件は公共財の整備，競争の敗北者にすら利益が還元される配分構造，敗北が不利益を意味しても存続不可能を意味しないようなサンクション機能の維持などであろう。

10 「乳飲み子」の倫理
●もうひとつの自然主義倫理

生態学は，自然の観察記録にもとづく客観的な学問である。生態学によって，倫理学がやっと客観性を獲得するのだと思っていた人

もいた。しかし，ハーディンの理論では，負担能力理論を除くと，実は客観性とは縁もゆかりもない，人種偏見そのものが大手を振るって歩いている。

生存競争，最適者の生き残りという進化論（生態学）の概念は，種の発生と消滅を説明するための概念装置であり，それによって人間のなまぐさい抗争を説明すれば，人間という進化の進んだ生物の個体間の関係を，進化の進んでいない生物の種と種の関係で説明することになるので，いわゆる「人間性」と呼ばれる倫理的価値が，脱落したとしても，それは倫理学を客観的に評価した正しい結果ではなく，生態学を倫理学に転換するときの手続きのミスに由来する。

自然の生物の間の利他的な関係の存在に注目する，生態学的利他主義の理論も存在するが，世代間倫理の基礎付けとしての親子関係に注目することにしよう。

ハンス・ヨナス（Hans Jonas）の『責任という原理』［2000］は，現在世代が未来世代の生存に対して責任を負うという形の責任原理は，相互性・互酬性の原理（私が貴方に与える権利を貴方も私に与えなければならない）からは導かれないという指摘をする。

世代間責任の原型は，親子関係である。「乳飲み子を問題にすることで何が見えてくるか。これを探ってみる必要がある。ここで提供される証拠（明白さ）は，存在（ある）の中に当為（べし）が告示されるあり方の内でも特に際立っている。乳飲み子は，責任の対象として，経験的に最初で直観的に最も明らかな模範であるばかりか，内実の上でも最高に完全な模範（文字どおりの意味で原型）である」（同 224 ページ）。

ヨナスは，自然主義・リアリズムの根源を，「乳飲み子」という事実のなかに見出そうとしている。この**乳飲み子の倫理**は，理論的

Column　エマソンとソローと自然の教育

　エマソン（R. W. Emerson, 1803～82年）とソロー（H. D. Thoreau, 1817～62年）は初期のハーバードの卒業生。ボストンからほど遠からぬコンコードに住んでいた。ここはいまでも緑豊かな，ささやかな逍遥の地であるが，当時は独立戦争の現場だったのだから，さぞかし草深い田舎だったのだろう。星空も見事だったろう。その頃カントは星空を見ては厳粛な道徳律を痛感したが，エマソンは心が和むのを感じたという。カントの認識論は有名だが，それでも彼は徹底して目に見えない物自体（thing in itself）の世界にこだわった。ところがエマソンは目に見える世界——とくに自然の美しさに魅せられていた。だからエマソンがカント哲学をまねて超絶主義（transcendentalism）という言葉をつくったといっても，何だか京都あたりの名園の借景のような気がするのである。

　ところで，エマソンは8歳のときに父を失ったが，文才豊かな叔母メアリの影響で父の残した本を読み耽り，時々は森の中に出て森林浴，さらに得意な講演で稼いでイギリスに遊学するなど悠悠自適，結構，長生きしてコンコードの聖者と呼ばれた。エマソンの後輩だったソローも，戸外の大好きな母親の教育方針よろしきを得て，しきりにあたりの森を，湖畔をかけめぐり，エマソン家の要請で日雇の手仕事も器用にこなしたがもともと貧しくて蒲柳の質だったソローの体験はそこまでで，あとは仏教徒のように西方に極楽浄土があると信じたのか，西へ西へと散歩するのが趣味だった。特にウォルデン湖畔における2年2ヵ月の戸外生活の記録『森の生活』（*Walden, or Life in the Woods*, 1854）は貴重であり，文章も美しい。なかでも「経済」の章における生活の簡素化の勧めは贅沢になれ切った，現代資本主義の徒の反面教師である。彼を自然保護の先駆者とみるのはおそらく正しい。だが自然と共生した，という主張になると私は首をかしげる。なぜなら雨ざらし日ざらしに近いような湖畔の生活で結核になったとみえて，45歳の若さで夭逝したからである。京都から来られたある自然科学の先生などは，ウォルデンの池は京都の大沢池とそっくりだ，これくらいの風景は日本にはいくらでもあるとのたもうて，聖地を案内したつもりのハーバードの先生をくさらせた。だが日本では信州の高山にでも登らなければ星空の見える所はもうほとんどないのである。

には,あまりにも素朴で,技巧的な理論を構築している現代英米の倫理学者を説得できるとは思えない。しかし,生態学の倫理学への進出という視点で見るとき,哺乳類を筆頭として,あらゆる子どもを守って育てる生物に共通の倫理が,ヨナスによって語られているということもできる。自立できない弱者は,自立できる強者が守って育ててあげなくてはならない。そして,子どもはすべて非自立の状態から自立の状態に転換して生きていく。

> 「乳飲み子に明白に見られる〈べし〉は疑うことのできない明白さ,具体性そして緊急性を持っている。個別性の最たる事実,個別性への最たる権利,そして存在の最たる脆さが,ここには同居している。責任のありかとは,生成の海につかり,可死性に委ね渡され,消滅の脅威に震える存在である。乳飲み子はこのことを模範的に示している」(同230ページ)。

倫理学は,いままで乳飲み子という原点の確認を怠ってきた。人類の存続の責任を誰が引き受けるかという問いは,人間の文化史のなかでは,かつて,発せられなかった。生態学が倫理学と接点をもつことになった根本的な理由は,人類の存続が危険にさらされた結果,人類の存続に関する責任が,問われているからである。

演習問題

1 ハーディンの「救命艇の倫理」も,ヨナスの「乳飲み子の倫理」も生態学と倫理学の接点から,生まれてきている。人間以外の生物は「未来世代への責任」をどのようにして果たしているか考えてみよう。

2 エコロジカル・フットプリントの小さい人は大きい人よりも環境負荷が小さいのだから,小さい人の生存権は大きい人の生存権に優先するといえるだろうか。

3 大量生産・大量消費の体制が,大量の廃棄物を生み出している。

大量の廃棄物の排出に対して「見えざる手」の調整機能は有効に働かないのだろうか。

★ 参考文献

保坂直紀［2003］『謎解き・海洋と大気の物理』講談社ブルーバックス。

リチャード・B. アレイ（山崎淳訳）［2004］『氷に刻まれた地球11万年の記憶』ソニーマガジンズ。

「ペンタゴン・レポート」はGBN (Global Business Network) という団体のウェブサイト（http://www.gbn.com/）からダウンロードすることができる。http://www.mindfully.org/Air/2003/Pentagon-Climate-Change1oct03.htm でも見つかる。翻訳に鳥取環境大学有志訳がある。

クリストファー・フレイヴィン編［2005］『地球白書2005-06』家の光協会。

ピーター・シンガー（山内友三郎・樫則章監訳）［2005］『グローバリゼーションの倫理学』昭和堂。

ピーター・シンガー（中野勝郎訳）［2004］『正義の倫理』昭和堂。

蟹江憲史［2004］『環境政治学入門』丸善。

チャルマーズ・ジョンソン（村上和久訳）［2004］『アメリカ帝国主義の悲劇』文藝春秋。

S. J. グールド（桜町翠軒訳）［1996］『パンダの親指』上・下，ハヤカワ文庫。

ダーウィン（八杉龍一訳）［1990］『種の起源（改版）』上・下，岩波文庫。原著は1859年。

H. スペンサー（清水禮子訳）［1980］「進歩について」清水幾太郎責任編集『コント；スペンサー』世界の名著46，中央公論社。

ロデリック・F. ナッシュ（岡崎洋監修，松野弘訳）［1993］『自然の権利』TBSブリタニカ。

アルド・レオポルド（新島義昭訳）［1997］『野生のうたが聞こえる』講談社学術文庫。

K. S. シュレーダー-フレチェット編（京都生命倫理研究会訳）［1993］『環境の倫理』上・下，晃洋書房。

E. O. ウィルソン（山下篤子訳）［2003］『生命の未来』角川書店。

ロック（生松敬三訳）［1980］『寛容についての書簡』大槻春彦責任編集『ロック；ヒューム』世界の名著32，中央公論社。

アダム・スミス(杉山忠平訳)[2000・2001]『国富論』1〜4, 岩波文庫。
ハンス・ヨナス(加藤尚武監訳)[2000]『責任という原理』東信堂。
シュムペーター(中山伊知郎・東畑精一訳)[1942]『資本主義・社会主義・民主主義』東洋経済新報社。
J. E. ド・スタイガー(新田功ほか訳)[2001]『環境保護主義の時代』多賀出版。
ビョルン・ロンボルグ(山形浩生訳)[2003]『環境危機をあおってはいけない』文藝春秋。

第8章 自然保護

どんな自然とどんな社会を求めるのか

本章のサマリー

パスモアは，環境倫理に関する問題を世界で初めて全面的に展開した書である『自然に対する人間の責任』(*Man's Responsibility for Nature*, 間瀬啓允訳［1979］岩波書店）のなかで，人間は自然に関する for 責任は問われても，自然に対する to 責任は問われない。問われるべきは人間に対する責任だと述べている。そして，動物を虐待するのは間違いだということは認めるが，それは動物が人間と同様に尊重されるべき権利をもっている（動物に対する道徳的義務がある）からではなく，人間相互のあり方として求められる道徳的（倫理的）よさに反するからであると，論じている。環境倫理に関するこのパスモアの考え方は旧来の倫理的常識には適っているが，少し狭すぎるようにも思われる。

しかし，われわれは，自然保護の問題を考えるときに，行為（ないしは行為者である人間）と自然の関係だけを考えるのではなく，同時に，その行為と他の人間たちとの関係，あるいは社会的な関係を考える必要があるということは確かだろう。別な言い方をすれば，自然との間で以前よりもよい関係を作り出すことは同時に人間社会をよりよいものにしていくことであるべきだ，ということである。

本章で学ぶキーワード

保存と保全　　アメニティ　　選好功利主義　　生物多様性　　保全生態学　　外来種の規制

1 自然保護運動

●歴史の概観——アメリカと日本

アメリカの初期自然保護運動と保存／保全の対立

19世紀末，アメリカ大陸の開拓が進むにつれ，入植者，鉱山会社，木材会社などによる開発・自然破壊から自然・資源を保護しようとする運動が起こり，ヨセミテ，イエローストーン，アディロンダックなどの国立公園が誕生した。だが，ヨセミテ公園内の渓谷にサンフランシスコ市の水道用水源としてダムを建設するという計画が生まれると，自然保護を主張する人々の間に対立が生じた。

アメリカ最初の自然保護団体シエラ・クラブ創設者の一人であり，ヨセミテを国立公園に指定する運動を行ったミューア（J. Muir）は，ダム建設は神の建てた大聖堂（渓谷）を破壊することだとしてこの計画に反対した。ミューアは自然の偉大さ，美しさ，荒々しさを感じるなど，人間が「スピリチュアル（精神的・宗教的）」な態度で接することができる，手つかずの自然，「原生自然」が残っていると考えた（実は先住民の生活の場であったのだが）山岳地帯の改変・破壊に反対したのである。このように，自然に対する人間の精神的・宗教的関係を重視し，リクリエーションや教育的利用など「非破壊的」つまり改変を伴わない利用のみを認め，自然を守ろうとする態度を保存主義と呼ぶ。しかし，国立公園を作ろうとするシエラ・クラブの努力は中産階級の観光旅行から利益を上げている鉄道会社から援助を受けていた。「原生自然の保存」の努力と鉄道の開設による西部開拓，つまり広範な自然の改変・資源開発との間には矛盾は見いだされていない。

他方，進歩主義的資源保全運動の指導者で，農務省の役人・ピンショー（G. Pinchot）は水道水源としてのダムの建設は「より多くの人のためのより多くの利益になる」と，計画を支持した。彼は少数の資本家たちだけが森林資源を利用し乱開発を行っていることに反対し，アメリカ国民が公平に，将来にわたり持続的に資源を利用できるように，資源を合理的に管理する政策を進めていた。彼は，自然を資源として利用することは当然のことだと考え，その合理的で社会的に公正な利用の仕方を追求した。彼の進めた自然保護運動は「保全」と呼ばれる。

　二人の対立は「実用的功利主義と超越的な精神主義とのぶつかりあい」といわれる。また自然に対する人間の関わり方を重視する思想と自然に関する問題での社会のあり方を重視する思想の違いに基づく対立ともいえよう（加藤尚武［2004］「持続可能性とは何か」『生活と環境』5月号参照）。

国際的自然保護運動の発展とアメリカにおける環境革命

　マコーミック（J. McCormick, 石弘之ほか訳［1998］『地球環境運動全史』岩波書店）によれば，環境主義，つまり20世紀後半以降世界中に広まった環境保護を重視する思想・態度——の起源は，今述べたアメリカの自然保護運動を含め，19世紀，イギリス（大英帝国）とその植民地だった国々で起こった自然保護運動にある。

　第二次世界大戦以前には，個々の（珍しい）野生生物種の保存・保護が求められただけだったが，戦後は，世界自然保護基金（旧世界野生生物基金）WWF，国際自然保全連合IUCNなどの国際団体や国際会議で，生息環境，生態系の保護の重要性が強調されるようになった。また，アフリカなどでは単に保護区を設けるだけでなく，

1　自然保護運動

その土地で生活する「人々のために自然植生，土壌，水，その他天然資源の保全」が必要であり，むしろ「再生可能な天然資源として野生生物が計画的に利用される」ことが途上国の経済発展の基盤となること，野生動物の保護を目的に設立された国立公園の外部と近隣の野生生物の管理は地域社会の要求・生活様式・協力に依存していることなどが認識され，重視されるようになった。こうして，1960年代には，国際的な自然保護運動のなかで，**保存と保全**の両者を総合し，人間を含めた環境全体の保全・保護が重要であるとする考え方がとられるようになっていった。

1960年代に，環境主義の運動に革命的な転換が起こった。それはレイチェル・カーソン（Rachel Carson）のDDTによる人間環境の汚染の告発が引き金になってもたらされたが，二度の世界大戦，東西対立と核実験競争などを背景に，人々が感じた将来にわたる人間生活全体に関する危機意識に支えられていた。それ以前の環境保護運動では，保護されるべき対象は野生生物とその生息環境つまり原生自然であるか，あるいは，天然資源だった。だが，今や，人間自身の生命・健康そして生活全体が，化学物質，工場の排煙と自動車の排ガス，酸性雨，核実験による放射性降下物，原子力発電所の事故，オゾン層破壊，そして地球温暖化等々による，全地球的な環境の危機にさらされていることに人々は気づいた。

自然保護運動と反公害闘争——日本における環境保護の運動／闘い

昭和30年代（1955年～）の日本列島は，激発する産業公害が多数の人の生命・健康を奪い，生活を破壊していた。そして，健康を破壊された患者やその家族，海を汚染されて被害を受けた漁業者などが，企業の責任を追及し補償を求める闘いを起こし，また大

気汚染の公害に苦しむ都市住民の間にも反公害の運動が高まりつつあった。

他方,反公害の闘いや運動とは別にすでに早い時期から,一部の自然愛好家,研究者などによる自然保護運動が存在した。1949年に「尾瀬ヶ原保存期成同盟」が作られた。1951年に日本自然保護協会が設立され,尾瀬,屋久島などを対象に,学術的価値を根拠にして,ダム建設や鉱物資源採掘から原生林やそこに棲む動物を保護するよう提言した。主に登山家,知識人,自然愛好家による戦後の自然保護運動は景観保護,希少な動植物の保護に重要な役割を果たした。だが,「当時の自然保護運動の主流ともいえる日本自然保護協会は,全国的な反公害の運動・闘争の高まりの状況のなかでも――学術的価値に乏しい自然の問題にはあまり関心を示さなかった。――漁業従事者を含めた地域住民が必死の住民運動を展開していた時期にあっても,自然保護のまなざしははるか遠く,「山」へ注がれていた」。この時期の自然保護運動は「貴重主義的,天然記念物主義的保護運動」と揶揄される（関礼子［1999］「どんな自然を守るのか――山と海との自然保護」鬼頭秀一編『環境の豊かさをもとめて――理念と運動』昭和堂），ミューアの保存主義と共通するところが多い。この運動は,当時の開発一辺倒の行政に対する間接的な闘いでもあったのだが,この運動に取り組んだ人々にとって重要なことは,（人間の生活や生命・健康の問題ではなく）自然を保護することであった。

公害問題は,排出された有害物質が環境に蓄積された結果生じたもので,確かに「環境問題」であるが,反公害運動は企業の責任を追及し,また経済成長を重視し企業寄りの姿勢をとる行政を批判する運動で,焦点は社会のあり方に向けられている。言い換えれば,

環境資源を浪費的にまた独占的に利用している企業とそれを擁護する行政を批判し、すべての人が（公平に）よい環境を享有できるようにすることを求めたのであり、ピンショーの保全運動との共通点が多い。一貫して反公害運動の重要な一翼を担いつづけた日本弁護士連合会は、1970年に、すべての人が良好な環境を享受できることを意味する「環境権」を具体的な規定として法律化することを求めた。

宮本憲一は（政治）経済学者であるが、公害の実地調査を行い、公害を告発した。また公害の発生をアメニティ破壊の問題として説明した。公害は、人間が生活を営む環境全体の快適さ（**アメニティ**）が失われる状態が進行した挙げ句の果てに到達する段階である。人間はアメニティ、つまり快適・良好な環境を享受する権利を有する。そしてアメニティとは「市場価格では評価できえないものを含む生活環境であり、自然、歴史的文化財、町並み、風景――人情、地域的サービス（教育、医療、福祉、犯罪防止など）、交通の便利さなどを内容としている」とし、第一に自然をあげている。また、他の財とは異なり市場を通じて入手できない「地域に固着し」た「歴史的ストック」を含んでいるともいう。「霞ヶ浦や宍道湖」などの自然も、歴史的ストックだという（宮本憲一［1989］『環境経済学』岩波書店）。

企業の違法な活動を防止し生命・健康の維持のために必要最小限の環境を守ろうとする反公害の運動の目標と豊かな自然を享受するための自然保護の運動の目標はアメニティ概念のなかで一つになっている。保全と保存が現実の運動においては、個々の特定の問題をめぐってしばしば対立したり、何を運動の取り組むべきテーマとみなすかという点で分岐があっても、概念的、理念的には一つのものであることが示唆されている。

2 保全と保存

● 対立するのか――考察

> 白神山地，世界自然遺産への登録問題と保全・保存

　白神山地は秋田・青森両県にまたがって広がる山々で，その中心部には世界最大級といわれるブナ林があり，1993 年に世界自然遺産に登録された。登録以前は（ブナ林の多くがある）青森県側では住民が薪炭利用や山菜取りなどで山に入ることが認められていた。ところが，世界遺産に登録されると営林局が突然入山禁止措置を決めた。このときに，秋田県側の自然保護運動はこれに賛成し，青森県側の運動は反対した。一方は貴重な自然遺産を守るために，木を切り出したり山菜をとったりできないように立入禁止にしたほうがよいと考えた。他方の姿勢は，山麓に住み山の自然に依存した伝統的な生活をする人々の要求を背景にしていた。大規模に森林を伐採する産業としての林業とは違い，自家用の山菜取りや薪炭への利用という関わり方は，自然破壊ではないと考えられた。単なる「保存」のために，人々の生活を妨げて（学術研究を除き）全面的に入山を禁ずるという措置に納得できなかった（鬼頭秀一［1996］『自然保護を問いなおす――環境倫理とネットワーク』ちくま新書）。

　鬼頭の分析に従えば，開発が進み，また生活に近代的な法的・契約的関係が浸透している度合いの強い秋田の地区を基盤とする運動では，森林破壊に対する危機感も強く，自然との間に距離をとる，保存主義的態度が強かった。他方，青森側の地区では古くからの慣習に従って，共有地としての山の資源が，永続的で安定的な（「持続可能な」）しかたで，利用されつづけてきて，（外来の思想ともいえ

る)「自然保護」などをとくに意識する必要も感じられなかった。

　中心部分を入山禁止とし，住民の生活のための利用をも排除する措置を求める保存主義と，それに反対する保全主義は，具体的な保護のあり方をめぐって確かに対立した。どちらが正しいのだろうか。どちらか一方が正しいといえるのだろうか。この議論を行う前に，もう一つ，保全／保存をめぐる最近の国際的な対立の事例を見てみよう。

商業捕鯨は再開されるべきか

　しばらく以前から国際捕鯨委員会IWCでは，商業捕鯨を全面的に禁止すべきだという意見が強まっている。IWCは「鯨類の適当な保存を図って捕鯨産業の秩序ある発展を可能にする」ことを目的とする国際捕鯨取締条約に基づいて設立されたもので，この条約は明らかに保全思想に基づいている。しかし，IWC設置（1948年）当初，捕獲枠を決めて捕る「管理方式」が設けられたが守られず，乱獲が続いて大型の鯨種は急速に減少し，1960年代から70年代にかけて次々に捕獲禁止になった。1982年には全鯨種を対象に商業捕鯨のモラトリアム（一時停止）が決まった。最近の調査では南極海ミンク鯨の数の回復が確かめられた。しかし，米・英・豪をはじめとする商業捕鯨再開反対の国がずっと多く，毎年の会議で議論が行われているが，モラトリアムが続いている。

　商業捕鯨反対の運動の先頭に立ち，反捕鯨国の行動に強い影響を与えている世界的環境保護団体・グリーンピースは，「捕鯨産業の発展」をうたう条文の改正を要求する。捕鯨問題はクジラを頂点とする無数の動植物の住まう海洋という自然環境の問題，そして大量生産，大量消費と大量廃棄によって生じる全地球的環境問題の一環

として捉えなおすべきで，IWC はクジラを資源と見なすことをやめ，クジラの保護を推進する機関に変わるべきだと主張している。この主張は明確な「保存」の思想に立っている。

> 保全と保存をめぐる考察

鬼頭のいうとおり，自然に依存した生活がなされ伝統的文化が存在し，人々が日常生活のなかで自然を大切に利用している＝保全しているのであれば，それに委ねるほうがよい。また，自然が残っていたとしても，その近くでそれを保全しつつ利用する伝統的生活がもはや行われていないという場合も多いだろう。日本の多くの山々はそうではないか。社会が全般的に都市化し，企業や産業，また市場に依存した生活が一般化すればするほど，自然に直接に依存した生活はなくなる。こうして，自然との関わりがレジャーのように非日常的な関わりだけになれば，自然保護団体や公的な管理による自然保護が必要で，その場合には保存主義的管理を強めざるをえない。

捕鯨反対の自然保護団体と国々は，商業捕鯨を全面的に禁止するよう主張しているが，イヌイットなど伝統的な生活における，自給的で非商業的な捕獲は認めている。日本は，世界最大の漁業国であるが，飽食が問題になっており，（魚介類の）食料資源が不足しているのでなく，「魚離れ」を防ぎ，消費を拡大することに力を入れている。鯨肉が贅沢品だという自然保護団体の主張はもっともだといえる。贅沢のために，生き物を殺すべきではないという主張には耳を傾けるべきだろう。

自然保護の活動家のなかには，商業的か否かにかかわらず，クジラやイルカの捕獲を一切認めず，沿岸漁業の網を破るなどして妨害

をするものもあるようだ。これらの活動家の行動の根拠になっているシンガー（P. Singer）の「動物解放」理論については後で考える。これらの人々は、イルカやクジラに対する関係を、人間がそれらを殺して食べてしまうという「破壊的な」関係から、眺める・鑑賞する（ウォッチング）、そして一緒に遊ぶような関係に変えることを要求している。ここでは、クジラを食料として利用する伝統的文化と、（西洋に発する）動物に対する従来とまったく異なる関係性を要求する態度とがぶつかっている。

　一般的に、各地域の伝統的な文化を保持しつづけようとする努力は正当だとしても、他の生物、動物を殺すことを含むようなものであるときには、それがどうしても必要かどうか、考えてみる余地はあるだろう。他の動物を殺して食べること（そして肉食を快と感じること）は、雑食動物としての人間の生きる必要と関係があり、生物が相互に食い、食われる、捕食と被食の関係は「科学的」には生物界を貫く客観的な法則の一つにすぎない。しかし、この食い、食われる関係は、生存をめぐって競争・闘争することであり、強いものが他の弱い者の生命を奪うという残酷なことでもあると感じ／考える人もある。

　アリストテレス（Aristoteles）は哲学（世界を知り・理解することを求める純粋な知的活動）は、人間（社会）が生活の必要に縛られ、生きているだけの状態を抜け出したときに始まったと述べているが、知的探究ばかりでなく、倫理的な「よい生きかた」の追求、芸術的な創作、スポーツ活動などもまた、「単なる生存の必要」ないし「生活の必要」の度合いが小さくなることによって可能となった。私たちは、（少なくとも、豊かな先進国においては、あるいは飽食が問題になっている日本においては）他の生物を殺して食うという残酷な事

実に目を向け，それを減らすべきだとする倫理的要求を真剣に受け止めてみてもよいと思われる。しかし，クジラ漁が自給の食料のために行われ，それを中心に人々の生活が営まれている場合には，外部の者がそれを妨げるべきでない。生活の全体と無関係な倫理や思想を外部から押しつけることは不可能だし，間違っている。

以上のように考えられるとすれば，自然に依存した伝統的な生活が大きな比重を占めている所では住民の生活と結びついた「保全」に委ねられるべきだし，その方が自然保護に有効だ。しかし，絶滅が危惧されたり，希少になった種の場合には，資源としての利用はやめ，絶滅を防ぐ努力が行われるべきだ。また私たちが残酷と感じるような哺乳類などは，殺さないことを目的として，資源としての利用をやめ保存の努力をすべきだということになる。

3 選好功利主義と自然保護
●人間の生命よりも，快と選好を重視する

シンガーの選好功利主義

野生生物保護の理論的基礎となる，シンガーの**選好功利主義**（山内友三郎・塚崎智監訳［1991］『実践の倫理』昭和堂）を検討してみよう。彼は行為が実現する，関係者の幸福（快楽・喜び）の大きさによって行為の正・不正を判断しようとする功利主義哲学者である。彼の理論は行為者に，客観的幸福と自由な決定（選好）との和である「利益」を最大にすることを求めるが，単に人間の利益だけではなくすべての存在の「利益」を平等に考慮することを求める点で，従来の人間社会の倫理を超越しており，「宇宙倫理」とでも呼ぶべきものの提唱である。他方，彼は，人種差別つまり外面的特徴によ

って人を差別することは不正であるが，——競争主義は善という大前提のもとで——能力，とくに知的能力に関係付けて差別を行うことはまったく正当なことだとする。また，彼の理論は各人が自由に決定・選択すること自体が，決定・選択の結果・内容よりも重要であり，絶対的に尊重されなければならないという前提に立っている。これらは現代アメリカを代表とする自由主義国家の政治思想の根幹にある常識を背景にしたもので，その点ではむしろ彼の理論は現代世界の現実（の一面）を追認したものでもある。

　私たちの多くが従っている旧来の倫理では，大まかにいえば，倫理的行為の対象となるすべての存在が生命をもつものとそうでないものに分けられ，無益な殺生は一般に悪いこととされる一方，生命をもつ存在のうち，人間を殺したり傷つけたりすることが（戦争など特別の場合を除き）とくに悪いこととして，禁じられている。シンガーでは，対象は生命の有る無しと人間であるかどうかで区分されるのでなく，感覚を有するかどうかということと，より高次の能力である選好の能力があるかどうかということにより区分される。普通の大人の人間は自己を意識し，生き続けることおよび将来のあり方を選択・選好する。類人猿やクジラなども同様に選好する能力をもっていると推定される。これらの存在を殺すことは，選好できるという利益を奪うことであり不正であるとシンガーはいう。

　シンガーは感覚をもった動物が快適な生を送ることはその動物にとって利益であるという。すべての存在の利益が平等に考慮されるべきで，人間ばかりでなく，感覚を有する動物の虐待も禁じられなければならない。こうして「人間」の幸福や利益ではなく，すべての存在の利益を最大にせよという彼の原理に基づき，感覚をもつ動物を苦しませること，また選好能力のあるすべての動物の殺害が禁

じられる。植物を引き抜いたりすることは，植物には何の感覚もないから，利益に関係なく，正不正に無関係だとシンガーはいう（間接的に，感覚，選好を有する存在の利益に影響があるかもしれないが）。

選好功利主義と生命倫理——考察

もう少し彼の原理に従って考えてみよう。人格を殺し選好を破壊することは許されないが，選好能力をもたない低級な動物は，苦痛を与えないで殺すなら，それが快適な生活を楽しんでいたとしても，代わりに等量の快楽をもつ他の生物を存在させるなら，（宇宙内の）利益の総量に違いはないので，殺しても構わない。野生動物を殺すことは，快である生を奪うことで，不正である。工場畜産は動物の虐待であり不正である。放し飼いのニワトリは快適に生きている。殺して食べても，代わりのニワトリを育てれば，宇宙内の快楽（利益）の量は変わらない。広い大陸を使った牛などの放牧の畜産は肯定される。これは彼の原理からの論理的帰結であり，彼自身，認める。しかし，こうしたこじつけ的議論には彼も満足していないようで，この議論とは別に畜産の及ぼす環境負荷が大きいこと（これは常識だ）を理由に，ベジタリアンになることを勧めている。

また，重い障害をもって生まれた新生児を自分の結婚生活の妨げになると考えて殺す親の行為は正しい，あるいは，障害をもった人の生は健常者の生に比較して，快適さが少なく苦しみが多いという理由で，中絶するか生まれたらすぐに殺し，別の健常な子どもを生もうとすることは正しい，という。次の例はシンガーが述べているものではないが，ある哲学者の議論を参考にして私が考えたもので，彼の原理から論理的に帰結するはずである。生きることを強く選好しているが，内蔵に重い病気があり移植以外に助からない5人の患

者と，健康な臓器を有し，原因がはっきりしないが生きる意欲が強くない精神症状の1人の患者を抱えた病院の医者たちが，この1人の患者の臓器を他の5人の患者に分け与え，身体の健康な患者一人を殺すことは正しい。

　倫理を含めあらゆる議論は「生きていること」を前提にして初めて可能だから，従来の倫理で殺人を禁ずる理由をとくに示していないのは当然だとも考えられるが，シンガーは，人格（自己意識と理性を有する存在）を殺すことが不正である理由を求め，殺すことによって，人格が行う将来についての選好――最重要の利益とされる――を妨げることになるからだとしている。この議論に説得力があるだろうか。

　将来を考え，生きることを「選好」するというのは，高等動物（人間）の一つの能力／機能である。生命活動とは，生物のさまざまな器官が互いに協力して働くことで，個体として有する能力／機能を全面的に開花させ，可能な寿命を全うすることであろう。（従来の倫理が暗黙に前提していることだが）生物が可能な生を全うすることは，その生物個体の最大の利益だと考えることは十分可能であり，その個体の利益を計算する指標として，部分的・要素的な能力／機能である感覚や選好能力のみを用いる必然性はまったくない。従来の倫理は生命尊重を命ずるが，同時にすべての生命を完全に平等に考慮することは不可能だから，とくに人間の生命を大切にするよう命じているのだろう。シンガーの理論では，生命を軽視して，感覚的快と選好という高次の，だが部分的な能力を大切にすることを命じている。人間の一部を切り捨て，動物への配慮を広げるシンガーの理論より，従来の倫理の生命尊重をより拡大する方向で考えるほうが望ましいのではないだろうか。

彼は従来の倫理が「選好」能力のある者もない者も人間の種という概念で一括りにして他の種と区別し特別扱いをしているとして，「種差別」と呼び，批判する。従来の倫理は，コミュニケーションと共同生活のなかで実際に結びついている能力的に異なるさまざまなメンバーを行為の対象として想定しているのであり，生物学における種という科学的概念によって，対象を理論的に区別しているのではない。しかし，シンガーは，全宇宙・世界を，さまざまな能力を有するばらばらの個体の集まりだとみなすので，不完全ながら相互に助け合い，協力する仕組みとしての，現実の人間社会を無視する。彼の世界においては，生物諸個体は能力によって分類し直され，結果として，選好という特定の能力をもたないものは人間であっても生存の権利をもたないものの部類に入れられてしまう。これは容認できないことである。他方，人間社会から出発すれば，老人も子どもも，障害者も，社会のメンバーとしては平等で，人間として尊重される権利をもつ，と主張しうる（加藤尚武のいう「乳飲み子の倫理」を参照。[2004]「生態学とリアリズム」『生活と環境』7月号）。

　現実に存在する倫理は，さまざまな起源の，対立する内容をもった多くの規範の，モザイク状の集合からなるといえる。シンガーは，現実のすべての問題に，彼の選好功利主義を首尾一貫したやり方で適用することによって対処すべきだと考えている。彼の原理は，動物の虐待，国家のエゴイズムや他民族差別，あるいは隠微な形で未だに存在する人種差別など，現代世界で生じている多くの問題への，整合的で，もっともだと思われる対処方針を与えており，とくに環境倫理としての側面からは肯定すべき点が多い。しかし，すでに述べたような，容認できない，障害者等の差別を積極的に勧める面もある。倫理の領域では物理の領域と違い，行為指針を得る，道具的

な，結論が簡単にわかる統一的原理が望まれるわけでは決してない。現存倫理に基づき「残酷なことを減らす」方向で，動物虐待などをなくすという「動物解放」の努力をするほうが，よいと思われる。

4 生物多様性の保全と保全生態学
●社会的目標と科学とのつながり

保全生態学

1990年代に登場した「生物多様性」という言葉がある。用いる研究者によって定義は少しずつ異なるが，一般的には，遺伝子，種，生態系の三つないしはこれに個体群を加えた四つのレベルの多様性の保全が重要だとされている（平川・樋口 [1997]；松田 [2000] 参照）。また，保全生態学者・鷲谷いづみ（[2001]『生態系を蘇らせる』NHKブックス）によれば，保全生態学が掲げる「生物多様性の保全」「健全な生態系の持続」の二つの社会的目標が自然環境の保護のために必要だという。彼女によれば，**生物多様性**とは，相互に関係しあったさまざまに異なる要素（の結びつき）からなる自然環境ないし生態系の構造を指す。多様性をもつ自然は人間にとって豊かな恵みを与えてくれる「健全な」機能をもつ。この健全な機能を持続可能にすることを目的として，「生物多様性を保全」することは重要な社会的目標であり，その達成のために積極的に生態系の科学的管理を行うことを目指すのが，**保全生態学**だという。

かつては，どんな地域も（自然のプロセスに任せれば）最終的にはその地域特有の種からなる一定の植物の群れになって安定化すると考えられていた（「極相説」）。だが最近では，「原生的」な場所が減り，自然が細切れになってしまっていることの影響かもしれないが，

「自然は非平衡，不安定で，不確実性が大きい」という見方が支配的で，ある地域の生態系は，そこに人為的な介入・改変を加えないでおく（「保存」）というだけでは，（たとえば，シカの食害などで）崩壊してしまうこともある。したがって，積極的な科学的管理による「保全」が必要である。しかし，生態系の管理は決して簡単ではなく，不確実性を踏まえた「順応的な」姿勢で臨まなければならない，ともいう。

外来生物法と自然保護——考察

生物多様性の保全と関連した新しい法律に「外来生物法」がある（2005年施行）。この法律の目的は，外来生物が及ぼす「生態系，人の生命若しくは身体又は農林水産業に係る被害」を防止することであり，規制対象として指定された外来生物は，学術研究などのために許可を受けた場合以外には「飼養，栽培，保管又は運搬」，輸入や譲渡や引き渡しが禁じられ，また許可を受けた対象を「放ち，植え，又は蒔く」ことが禁じられる。

鷲谷は「予防の原則」を強調し，外来種を導入した場合の影響がはっきりしない場合には**外来種の規制**が必要だと考えている。外来種の導入に積極的であることは，生態系を改変して，そこから新たな恵みを得ようとすることだから，「保全」の考え方であるのに対して，予防の原則を重視することは，自然に手をつけず，現在の状態の維持を優先する姿勢で，保全生態学のなかには，保存の考え方も入っている。

規制対象として指定された外来種の一つに，若者を中心に釣りファンの多い北米産のブラックバスの一種・オオクチバスがある。釣り人か釣り具業界関係者がひそかに放流したためだといわれている

が，最近では全国の池や湖にいる。琵琶湖には1970年代から住み着いていたが，漁業の対象である固有種のホンモロコ，ニゴロブナなどを捕食し，漁業被害を受けているとして，漁業者を中心に規制を要求する声が強まった。確かに，一部の人が日本中の池や湖をバス釣りの「釣り堀」に変えてしまうような行為は許されるべきではないし，漁業被害が起こっているとすれば，なおさらである。法律で運搬や放流を禁じることはもっともだ。しかし，琵琶湖ではバスはある時期までは増えたがその後は安定しており，在来種の減少は，琵琶湖総合開発を始めとする琵琶湖の自然環境の人為的改変と時期を同じくして起こっている。単純にバスが生態系を破壊し漁業被害を与えているとはいえない。「琵琶湖本来の生態系をとりもどすために」などといわれるが，琵琶湖には移入種であるワカサギ，テナガエビなどもかなり生息し，漁業の対象にもなっている。そして何時からが「本来」なのかは決められない。バスの駆除等の要求は，漁業法の規定で（他の湖とは違い）海として扱われている琵琶湖では，漁業者が漁業権を行使しバス釣りを対象に遊漁料を徴収することができないことと，関係があるようだ（青柳純［2003］『ブラックバスがいじめられるホントの理由――環境学的視点から外来魚問題解決の糸口を探る』つり人社）。

「外来生物法」は生態系に与える被害の防止を第一の目的に掲げている。（必要性はずっと以前から指摘されていたがやはり施行されて間もない）環境影響評価法も，建設事業などが自然環境，生態系に与える影響を減らすことを目的にしている。たとえば，ダムの建設は自然の河川の流れを断ち切って，上流から下流にいたる全域の生態系をまったく変えてしまう。上流域を水没させ森林を破壊して動物の住処を奪い，住民の生活・コミュニティを破壊し，下流域を含め

漁業者に大きな被害を与える。だが，都市の生活用水や工業用水などの水需要が減って元の計画の根拠がなくなると，目的を変更し，恣意的に採用した数字を根拠にして治水のためだと，建設されつづけている（須藤自由児［2004］「ダムと環境倫理――自然保護と公正な社会」丸山徳次編『岩波応用倫理学講義2 環境』岩波書店）。ダムや道路の建設，空港・工場用地等のための海（岸）の埋め立てなど，土建的公共事業が日本の自然・環境の最大の破壊原因だともいえる。しかし，環境影響評価法では事業計画そのものが正当（必要）かどうかについては問題にされない。また，事業が生態系に及ぼす影響が許容しうるかどうかを判定する基準もない。日本には，他に文化財保護法，種の保存法など自然保護を目的とした法律があるが，どれも公共事業を止めさせるのには役立っていない（アメリカの「絶滅の危機にある種の保存法：ESA」は特定の種を保護する必要を根拠に開発を阻止する目的に実質的に役立っている。山村恒年・関根孝道編［1996］『自然の権利――法はどこまで自然を守れるか』信山社；須藤自由児［2003］「絶滅に瀕する生き物自身が人間を告訴できるか」加藤尚武編『倫理力を鍛える』小学館）。

琵琶湖の漁業被害も琵琶湖総合開発が原因かもしれない。確かな根拠なしに外来種が生態系破壊の原因だとすることは，公共事業の問題性を隠蔽することにさえなる。琵琶湖のバス駆除問題は慎重に取り組まれるべきだ。

琵琶湖のバス駆除の主張の根拠に固有種を守ることが正しいという考え方が含まれている。この考え方を支える遺伝子レベルの多様性の保全という概念は無条件には賛成できない。その概念に基づいて行われている生態系保護の不適切な例を取り上げる。

和歌山県では，動物園から逃げ出したタイワンザルに由来する

200頭ほどが群れを作って1970年代から生息してきた。90年代末になって、ニホンザルとの交雑（混血）がわかり、霊長類学者らが対策をとるよう求めた。結果として和歌山県は、2001年に、すべてのタイワンザルの雑種個体を捕獲し、「安楽死させる」（要するに薬などで殺す）ことを決定。現在、そのタイワンザル根絶事業が進行中という（瀬戸口明久［2003］「移入種問題という争点」『現代思想』11月号、青土社）。

タイワンザルは「外来生物法」の規制対象にもなっているが、その理由は、農業被害と生態系の被害である。しかし、ニホンザルも農業被害を与えているが、駆除対象にはなっていない。タイワンザルを駆除する理由はニホンザルの純潔を守る、あるいは「遺伝的汚染」を防ぐ＝生態系保全＝生物多様性保全の原理に基づくものである。

タイワンザルとニホンザルは異種だというが、交雑が可能だということから、同じ種だとみなすこともできる。遺伝的汚染という考え方は同種の間でも問題になる。同種でも異なる地域に生息する個体群（集団）のもつ遺伝子の組成には、異なる環境に適応するように進化した結果、違いがある。「生物多様性」の原理からは、同種だが異なる遺伝子をもった、多くの集団が存在するほうがよいと考える。そこで（同種だとしても）台湾の群れと日本の群れ、日本のなかでも、たとえば高崎山の群れと下北半島の群れは、人為的に一緒にされてはならないことになる。

「保存」主義とは異なり、保全生態学では、人間に豊かな恵みを与えうる「生態系の健全さ」の維持という社会的目標の達成のために、多様な生態系、多様な種等々の保全が必要なのである。しかし、このニホンザルの純潔を守るというのは、このサルの遺伝子の数に、

非意図的なものであれ人間活動の影響が及ぶことを一切排除しようとする，霊長類研究という特定の専門分野の研究者の関心に発するもので，その地域の生態系全体の「健全さ」，つまり大気汚染，農業における農薬の使用，工場や宅地のための開発など環境・生態系に与える人為と無関係に「生物多様性」を問題にする態度であり，どちらかといえば，トキの人工孵化などと同様，単なる「学術研究」重視の態度というべきだろう。

結局，交雑を排除し，遺伝子レベルの生物多様性を保全するということの根拠は，それぞれの地域において長い時間かかって形成された固有の生物相には歴史的価値があり大切にすべきだという価値観なのである（平川・樋口［1997］参照）。実用性とは関係なく歴史的価値のゆえに古い建物を文化財として保存しようとする態度は広く認められているが，歴史的価値を大切にする考え方，価値観は確かに重要である。自然に関しても，その地域固有の歴史性を重視する価値観は尊重されるべきだ。

他方，すでに人間（社会）と自然はまったく別の領域とはいえなくなっている。自然遺産は同時に（何らかの人間活動の影響を受けた）文化遺産でもある。そして，ある時期までの人間と自然の関係においては，種について遺伝子レベルまでは問題にされていなかった。その結果が日本へのタイワンザルの移入と動物園のゆるい管理であり，猿の逃亡，野外での群れの形成，ニホンザルとの交雑である。このこと自体が，30年ほど前からの日本の和歌山という地域において，人間と自然との関係（人間活動の影響を受けた自然）に起こった歴史的事実であろう。生物の歴史を大事にするのはよい。この価値観が今後広まることは支持しうる。しかし，霊長類の一つの種の交雑を放置したからといって，人間社会に重大な影響を及ぼすよう

Column　ジョン・ミューア

　ジョン・ミューア（John Muir, 1838～1914年）は日本ではあまり知られていないが，アメリカでは「自然保護の父」と呼ばれ，誰もが知っている。開拓時代から自然破壊の限りを尽くしてきたアメリカ人に，自然の美しさ尊さを伝えた人としていまも親しまれている。

　明治維新の頃にヨセミテ渓谷に足を踏み入れ，仙人のような生活を続けながら，シエラ・ネバダの山々をくまなく歩いた。スコットランド生まれの厳格なキリスト教徒だったが，その思想は「自然教」ともいうべきで，彼の著作からは東洋的・日本的ともいえるような香りが漂う。

　シエラ・ネバダでの体験をもとに東部の雑誌にエッセイを掲載するようになり，徐々に世に知られるようになった。自然についての彼の深い洞察に，人々はあらためて母国の自然美を学んだ。彼より50年前に活躍したエマソンやソロー（第7章コラム参照）の主張はまだ東部のインテリにしか通用しなかったが，ミューアのエッセイは広くアメリカ国民に浸透した。50年間の時代の変化もあるが，ミューアという翻訳者を得て，エマソンやソローの思想が広く理解されることになったのだろう。

　1908年，サンフランシスコ市がヨセミテ国立公園のヘッチヘッチー渓谷にダムをつくる計画を発表したが，ミューアは猛然と反対運動を起こす。これに対し，アメリカ森林学の祖といわれるギフォード・ピンショーが自然は人間に利用されるべきもの，と反論，歴史に残る自然保護論争が沸き起こった。結果はピンショー側，建設派が勝利をおさめたが，以後国立公園内にはダムができなくなったことやアメリカ人の意識のなかに「自然保護」が明確にインプットされたことで，保護派の事実上の勝利だったともいえる。

　ミューアはみずから自然のなかに身を置くとともに，自然保護運動にも力を注ぎ，1892年には有名な環境保護団体，シエラ・クラブを設立し，亡くなるまで会長を務めた。

　ミューアの自然観はかなり潔癖だが，自然をないがしろにしすぎる現代にあってこそ必要な論理なのではないだろうか。

な被害が生態系に生じるというような問題ではない。この価値観を過去に遡ってまで適用し，交雑を一切排除し，すでに存在する交雑

個体を皆殺しにするということは、人間と生物の関係の歴史をなかったことにすることで、歴史の偽造と呼べるのではないか。

また、ニホンザルの純潔確保を安上がりに達成できるというような理由で、タイワンザルをすべて殺すということは認めるべきでない。文化財の保護と同様、環境・自然の保護に関して、安上がりなものは行うという態度をとるべきではない。

また、社会には人間の行動、政策が従うべきさまざまな倫理規範が存在し、環境、あるいは生物に関する政策も、他の規範を考慮して進められなければならない。人命に危険がある、あるいは人の生活に重大な被害が及ぶというような場合は別として、環境政策は、他の倫理に矛盾しない形で進められるべきだ。生命の尊重、動物愛護、人は残酷なことはすべきでないという倫理的命題などの広く受け入れられている倫理もまたできるかぎり満たされるべきであり、特定の種の純潔を守るという生物多様性保全の原理がそれに優先するとは思われない。

演習問題

1. 保全／保存という枠組みと人間中心主義／非人間中心主義という枠組みの共通点と違いとを考えてみよう。
2. 自然遺産への入山の是非、捕鯨の是非について、議論してみよう。
3. 外来生物法により規制対象として指定された生物について、その理由および反対意見（の有無）について調べてみよう。

★ 参考文献

D. E. クーパー [2004]「ジョン・パスモア」J. A. パルマー編（須藤自由児訳）『環境の思想家たち』下、みすず書房。

C. マーチャント（須藤自由児ほか訳）[1994]『ラディカルエコロジー』産業図書。

平川浩文・樋口広芳 [1997]「生物多様性の保全をどう理解するか」

『科学』Vol. 67, No. 10。
松田裕之［2000］『環境生態学序説』共立出版。

第9章 環境問題に宗教はどうかかわるか

人間中心から生命中心への〈認識の枠組み〉の変換

本章のサマリー

　汚染，保全，保存，繁殖などをめぐる環境問題を前にして，いま私たちには自然観，人間観，生命観，価値観の根本的な変革が必要とされている。

　17世紀以来の自然支配の考え方から自然との共生の考え方へ——，デカルトの要素主義的な機械論からもっと全体論的なエコシステムの考え方へ——，近代科学技術が立っていた量の論理から質の論理へ——，あくなき所有の追求を幸福とする生活規範からもっと精神的な生活を重視する存在的価値へ——と，私たちの考え方の基本，生き方のモラルの根本的な変革が必要とされている。

　つまりは，〈認識の枠組みの変換〉＝人間中心の自然理解から生命中心の自然理解へのパラダイム変換が必要とされているのである。そして，ここに，私たちの自然観，人間観，生命観そのものの見直しが求められ，そこに深く宗教がかかわってくるのである。

本章で学ぶキーワード

アニミズム　　共生　　信託精神（スチュワードシップ）　　霊性（スピリチュアリティ）

1 自然に対する人間のかかわり

●自然倫理の基盤となるもの

西洋近代の限界と東洋思想への期待

西欧のユダヤ・キリスト教的伝統から生み出されてきた文明は、自然に対する人間のかかわりにおいて、もう限界に達している。自然を物質と解して、これを支配し利用して豊かな生活を築こうという近代科学の考えはもうだめだ。自然を支配するということを根本原理とするような西欧の近代哲学の時代はもう終わった。こういう批判の声が聞かれる。そして、これに代わる、これから先の新しい生き方の基本、モラルの根本を探すとすれば、それは東洋的なもののなかにあるのではないか。こういう期待がもたれている。

たしかに東洋の思想というのは、自然と人間を別々のもの、不連続のものとはみないで、人間は自然の一部である——、人間の本当の幸福は自然全体の大きな法則に従って生きていくことのなかにある——、という人間観や自然観のほうがはるかに強い。そこで、現代では、非常におもしろいことに、西欧の、とくに環境問題に敏感な若者たちの間で、東洋の古い思想や宗教の見直しが始まっている。東洋の思想や宗教の根幹にあるアニミズムやパン・セイズムは、それなりにひとつの自然倫理ではなかったか、という見直しの運動が起こっているのである。

アニミズムの自然観

パン・セイズムは「自然即神、神即自然」の汎神論であり、**アニミズム**は「万物に霊魂が宿る」という万物霊魂論である。いずれも自然を敬愛する心に

結びつく考えであり，それなりに環境問題の解決に役立ちそうな自然倫理である，と期待がもたれている。汎神論にせよ，万物霊魂論にせよ，そこには，たしかに日本人に特有な〈ものの見方，考え方〉が潜んでいる。それはいったい何なのか。

『華厳経』には，〈草木国土悉皆成仏〉＝草木も国土も悉く皆成仏すると説かれている。大陸の仏教では，人間の迷いをどうするかということが問題となる。さらに人間ばかりでなく，生き物もどうすれば救われるか。そこまで考える。ところが，日本仏教では，人間や生き物だけでなく，生命をもたないもの，精神をもたないものまでも，仏になりうると説いた。

インドの大乗仏教では，〈一切衆生悉有仏性〉＝生きとし生けるものはみな仏になる可能性があるということを思索の中心にしていたのだが，日本にくると，衆生のみならず，山河も国土もみな仏になる可能性があると説かれるようになった。これはアニミズムと結びついた思想である。

アニミズムは，私たちの生活の場を取り巻くすべてのものに魂が潜んでいる——，草木にも，鳥獣にも，石や木や風にも，魂が潜んでいる——，だから人間と同等なのだ——，その意味で互いに尊敬しあい，怖れと親しみをもって付きあっていかなければならない——，という思想である。

「草木ことごとく皆，物言う」というのは，古代人のアニミズム信仰の表現なのだが，それは同時に，今日の地球時代に生きる人々の信仰でもなくてはならない。それは自然とともに生きるという共生の思想，その根拠でもあるからだ，と人類学者の岩田慶治氏はいう（[1991]『草木虫魚の人類学』講談社学術文庫）。たしかに，それは今日的であり，また未来を志向する宗教であるようにも思える。し

かし，アニミズムでいわれる「霊魂が潜む」というのは，いったいどのような事態をさしていうのか。まだ，はっきりしない部分が残されていて，私には納得がいかない。だから，アニミズムがそれ自体として積極的な思想や立場になりうるものかどうか，実は私には疑問が残るのだ。しかし，私たちの生活内容には，たしかにアニミズムが強く包含されている。この「アニミズム」は現代社会ではどのように理解されているのだろうか。

2 日本人の自然観
●仏道と結びついた日本人の自然理解

自然と人間の連続性　私たち日本人には，自然と人間をはっきり区別するところがない。自然は人間に対立するモノではないからである。ちなみに仏教では，「依生不二」といって，依りどころとしての自然と，生きている主体とは，不二なのである。

自然は人間と対立するモノではないから，日本人には古くから「自然」という言葉はなかった。意識のうちに対象として確立していなかった「自然」には，「自然」という名前がなかったのは当然のことである。日本人はもともと自然とともに生き，自然との間に区別のない生活をしてきた。日本人には自然は穏やかだったからである。

その自然が同時に，神や仏とつながっていたということも，また特徴的である。「〈すべて〉が神だ，仏だ」という〈パン〉セイズムの考え方の根拠がここにある。〈すべて〉とは，実は〈自然〉のことだったのである。そこで，パン・セイズムは「自然即神，神即自

然」の考え方だといわれるのである。

　この〈自然〉のなかへの「さすらいの思想」は日本的でもあり，また宗教的でもある。「旅に出る」ということを内面的に考えると，それは仏教の「遊行」である。遊行上人たちは自然との親しい関係のなかへと入っていったのである。たとえば，西行は，「願はくは花の下にて春死なむ　そのきさらぎの望月の頃」と歌って，自然を自分の生き方と一つに結びつけている。自然のなかにこそ，心の平安が求められるという日本的心情の発露が，ここにはある。こうして古来より，日本人には仏道と自然とが，二つながらにして「救いの道」だったのである。

　日本人は自然を愛し，大切にし，自然と一体化する。ここには環境の生命，いのちによって〈生かされている〉という実感によって，自然環境との新しい関係を求める視点，環境との共存関係を考える立場がある。しかし，だからといって，日本の仏教にこれから先の新しい生き方の基本，モラルの根本がみつかるものかどうか，実は私は疑問に思うのである。

なぜ日本で急激な自然破壊が進んだのか

　近代文明の優等生的採用者であった日本が，自然破壊においても〈優等生〉であったという事実は，誰よりも私たち自身が一番よく知っている。自然愛好国民といわれる日本人が，明治以降最も甚だしい自然破壊者になっている。自然愛やアニミズム，パン・セイズムの伝統のもとにありながら，明治から大正，昭和にかけても，ついこの間まで，自然破壊を糾弾する思想は育ってはこなかったのである。これはどうしてか。

　自然と一体化することを理想とし，花鳥風月を愛でるという情緒

的な，あるいは宗教的な自然理解が，かえってそれを育てることを拒んできたからではなかったのか。たとえば，月の歌人，明恵の，夜半から暁までの「冬の月」三首——

　　雲を出でて我にともなう冬の月　風や身にしむ雪や冷たき
　　山の端に我も入りなむ月も入れ　夜な夜なごとにまた友とせむ
　　限もなく澄める心の輝けば　我が光りとや月思うらむ

と並べたてておいて，「月を見る我が月になり，我に見られる月が我になり，自然に没入，自然と合一しています」とか，「『冬の月』よ，風が身にしみないか，雪が冷たくないか。私はこれを自然，そして人間にたいする，暖かく，深い，こまやかな思いやりの歌として，しみじみとやさしい日本人の心の歌として，人に書いてあげています」と述べて，「美しい日本の私」（川端康成［1968］『美しい日本の私』1968年ノーベル賞受賞記念講演，講談社現代新書）を形容してみせても，このような感性的な自然把握の仕方からでは，自然環境の破壊の問題やエコロジカルな問題は，私たちの生き方や思想，あるいはモラルの問題には結びついてこないのである。

　そこで，いま必要なことは，そうした感性との調和における知性において，新たに自然を再考することではないだろうか。自然をただ情感的・宗教的にとらえるだけでなく，さらにそれ自体を事実的にみつめてその本性をとらえ，そして，これを知性的な言葉で説き明かしていくことが必要なのではないだろうか。

3 西欧の自然観

●逸脱した人間中心の自然理解

人間のための自然

それでは、西欧の場合はどうだったのか。西欧の文明批評家たちはその歴史的な診断において、西欧には自然は人間のためにあるのだから人間は思いのままにこれを利用することができるという強力な伝統がある、とみている。そして、この態度を『旧約聖書』の「創世記」にまでさかのぼって探り当てようとしている。

> 神はかれらを祝福して言われた、「生めよ、ふえよ、地に満ちよ、地を従わせよ。また海の魚と、空の鳥と、地に動くすべての生き物とを治めよ」(「創世記」1：28)。

たしかに、「創世記」に由来するユダヤ・キリスト教的一神教は自然を〈聖〉とする意識を一掃して、自然に対する人間の優位を教えた。自然は人間の支配と征服にゆだねられたモノであり、人間は快適で合理的な生活を追い求め、自然を征服し、これを加工し、利用することができると教えた。けれども、その教えは、人間が神に代わるデミウルゴス——人間が万物の運命をにぎる支配者、宇宙の統率者——であることを意味するものではなかった。そこでは、神は依然として万物の創造主であり、人間はその被造物の一部でしかなかったのである。その意味では、「創世記」に始まる『旧約聖書』の諸文書は、基本的に神中心ではあっても、人間中心ではない。

「地を従わせよ」とは、信託、委託のことであり、これに応じて

エデンの園を「耕し，守る」ことが，さらに先では記されている。「主なる神は人を連れていってエデンの園に置き，これを耕させ，これを守らせられた」(「創世記」2：15)。

これは重要なことである。地上における人間の信託，委託の内容は，土地を「耕し」，土地を「守る」ということ——つまり，作りかつ保つということ——だったのである。「あらゆる人間の労働は何らかの形で〈耕すこと〉＝加工すること，〈守ること〉＝保存すること，というふたつの側面をもっているのです」と，現代の政治思想家である宮田光雄氏は，「創世記」をいま新たに読み直すという作業のなかで述べている（[1996]「美しい大地と人間の責任」『世界』2月号)。

エデンの園に手を加えながら，これを守るということは，人間による文化の創造をよしとする，ひとつのすぐれたメタファーではなかったのか。人間は道具を作り，技術を開発し，文明を築いてきたが，これは「地を従わせ」「地に動くすべての生き物を治める」という，人間のすぐれた責任と，被造物との連帯を意味していたのではなかったのか。

西洋思想がはらむ共生の思想

こうした見方をすると，ユダヤ・キリスト教文化に対する西欧の批評家たちの判断は，どうも正しくないのではないかと，私には思われてならないのである。たとえば，現代アメリカの科学史家リン・ホワイト・Jr.（Lynn White, Jr.）は，彼の論文「現在のエコロジカルな危機の歴史的根源」（青木靖三訳［1972］『機械と神』みすず書房）のなかで，自然に対する人間のユダヤ・キリスト教的「尊大さ」が現在のエコロジカルな危機の歴史的根源をなすといって，そ

の危機の始まりをユダヤ・キリスト教的な創造信仰に見出そうとしたのであるが、その信仰のもとになっている神中心主義からみれば、それは〈的外れも甚だしい〉ということになる。この信仰のもとでは、もともと人間と自然の関係は、支配するものと支配されるものの関係を超えて、〈**共生**〉＝共に生きる関係だったのだ。人間は他の被造物と共に生きる存在として、連帯と管理をゆだねられた〈信託者〉＝神のスチュワードだったのだ。主人の財産管理を信託された召使い、スチュワードが、その役割において、いまでは自然と共に生きる存在となっているのだ。だから、「創世記」の支配の思想は、〈**信託精神**〉＝**スチュワードシップ**と言い直すことによって超えられると、私は思うのである。

4 共生の思想

●育成されるべき市民意識

エコロジカルな視点

現在のエコロジカルな問題を前にして、いま私たちに求められているものは、私たちがその一部分をなしている全体のためにも生きるという、まさしくエコロジカルな観点であり、またその観点を踏まえたうえで成り立つ考え方の基本、生き方のモラルの根本である。この観点は、エコロジーでは〈主体—環境—系〉として表現され、〈生活主体〉＝生命体と〈他の構成要素〉＝環境との相互連関、相互依存をひとつの〈系〉＝網の目として、全体的にとらえていくものなのである。

今世紀前半に活躍したアメリカのエコロジスト、アルド・レオポルド（Aldo Leopold）は、「土地」の研究のなかで、「土地は単なる土壌ではない。それは土壌、植物、動物の回路を流れるエネルギー

の源泉なのだ。食物連鎖はエネルギーを送り出す生きたチャンネルであり、死と腐食とがそれを土壌に送り戻す」と述べて、そうした連鎖、そうした回路の故障を指摘することにより、土壌の肥沃度を説明しようとしている。こうした観点から、彼は〈土地倫理〉＝ランド・エシックを提唱したのである。それは土地と土地に生育する動物・植物とに対する人間の関係を扱う倫理であった（新島義昭訳［1997］『野生のうたが聞こえる』講談社学術文庫）。

エコロジーの神学

同じく現代アメリカの、こちらはプロセス神学者、ジョン・カブ・Jr.（John Cobb, Jr.）は、「エコロジーの神学」という副題をもつ著書『今からではもう遅すぎるか？』（[1995] *Is It Too Late?: A Theology of Ecology*, revised ed., Denton Texas）のなかで、〈ホワイトヘッドの哲学〉＝有機体の哲学をエコロジカルな哲学とみなし、この哲学とキリスト教神学との統合をはかった。その意図は、環境破壊によってもたらされた破壊の脅威を緩和させるために、キリスト教徒として、信仰の果たす役割をみつけることにあった。

彼は「自然の権利」を含む範囲にまで倫理の対象を拡大し、キリスト教の新しいあり方を模索した。これが「エコロジーの神学」を生み出す背景となったのである。『今からではもう遅すぎるか？』の第6章「新しいキリスト教」のなかで、アルド・レオポルドの生命体ピラミッドの構想——土壌に始まり、土壌に依存して生活する動物、植物、そして人間に至るまでの生命体ピラミッド——に触れ、「新しいキリスト教は人間の絶対性を捨てて、人間を頂点とする健全な生命体ピラミッドの構想を採用しなければならない」と説いた。そして、いまキリスト教徒による神への献身は「あらゆる生命体へ

の尊重とこれを繁栄させる責任とを含むものでなくてはならない」という考えを発展させた。さらに、ホワイトヘッド派の生物学者、チャールズ・バーチ（Charles Birch）との共著『生命の解放』（長野敬・川口啓明訳［1983〜84］上・下、紀伊國屋書店）では、素粒子から岩石、動植物、そして人間に至るまでの全生命の幸福——経験の豊かさの享受——を強調し、倫理の対象範囲を最大限に取り込んでいる。したがって、エコロジカルな態度を支持するプロセス神学は、人間が形而上学的に独自な存在であることを否定し、生命圏に既得権のないことを認証している。その意味では、自然に対する人間の新しい生き方の基本、モラルの根本を提示している、ということができるだろう。

自然権——物言わぬ自然の生存の権利

こうした一連の考え方を背景にして成り立つのが、「自然権」という発想である。「物言わぬ自然にも生存の権利はあるはずだから、その権利を代弁し、その生存を保護してやるのが人間の自然に対する責任なのだ」という考えが、これである。この考えは、近代市民社会の契約社会的な思想を超えていく。なぜなら、社会の構成メンバーは現存する人間だけに限られていないからである。

1970年代の初め、アメリカの法哲学者クリストファー・ストーン（Christopher D. Stone）は、「物言わぬ自然にも裁判における原告適格性をもたせよ」と主張する論文を発表した（岡嵜修・山田敏雄訳［1990］「樹木の当事者適格——自然物の法的権利について」『現代思想』11月号）。ほぼ同じ頃、同じくアメリカの法哲学者ジョーゼフ・サックス（Joseph Sax）は、「人間は未来世代のため、あるいは自然自体のために環境を保護することを信託されている」と主張する「公共

信託論」という考えを提示した（山川洋一郎・高橋一修訳［1974］『環境の保護』岩波書店，第7章「公共信託」）。これもまた自然権，環境権の擁護に結びつく理論である。日本のように信託観念の乏しいところでは，水や空気，河川や海岸，公園や山岳が公共の財産であり，これに対して管理と責任が国民に信託されているという市民意識は希薄である。しかし，自然はみんなの共有財産である――，国民に信託された共有財である――，だからみんなで大切に守り育てていかなくてはならない，という意識は，市民意識の根本として，これから日本でも育成していかなくてはならないだろう。

5 仏教経済学

●非物質的な価値の尊重

シューマッハーの問題提起

ドイツのボンで生まれ，イギリスに帰化した現代の経済学者，エルンスト・シューマッハー（Ernst Schumacher）は，『スモール・イズ・ビューティフル――人間中心の経済学』という著書を著し，そのなかで現代の極端な物質中心主義を批判し，これに代わるものとして，「仏教経済学」という，おもしろいことを言い出した。そして，いま私たちの経済生活のなかになくてはならないものは，〈高貴な精神性，豊かな霊性，スピリチュアリティ〉だということを力説したのである（小島慶三・酒井懋訳［1986］講談社学術文庫）。

シューマッハーのテーゼは，西欧近代の思想である，巨大主義と物質中心主義への全面的な挑戦である。経済成長と物質崇拝の抜きがたい信仰によって，人間の社会生活が大きく歪められている。そこでいま，金では買えない非物質的な価値を尊重することによって，

健全な人間の社会生活を回復させなくてはならない。これこそが脱近代への視座でなくてはならない。こういうわけである。

これまでの経済学は成長信仰を生み出し、無限に肥大する欲望を肯定するエセ科学に堕してしまった。しかし、だからといって人間の貪欲、巨大主義と物質主義を手放しにしておくことは許されない。そこで、新たに、これに代わるものとして、〈仏教経済学〉＝中道を進む経済学というものを提唱したわけである。

いうまでもなく、仏教者は、西欧文明の物質中心主義者とは非常に異なっている。仏教者は文明の本質を欲望の増大のなかにでなく、人間性の純化のなかに見出す。物質中心主義者は、主として〈モノ〉に関心を向けるのに対して、仏教者は〈解脱〉に主たる関心を向ける。けれども、仏教は「中道」であるから、けっして物質的な福祉を敵視しはしない。〈解脱〉＝悟りを妨げるのはモノではなく、〈モノ〉＝富への執着であり、渇望なのである。仏教経済学の基調は、したがって、簡素と非暴力なのである。

真の豊かさとは

いま、豊かさとは何か、真に幸福であるとはどういうことか、しきりに問われている。「豊かである」「幸福である」ということは、人間が内面的な欲求をどれだけ充足し、どこまで安心立命の境地に達しているかによって決せられるものである。だから、近代経済学が考えるような、生産と消費を豊かにすれば自動的に生活水準が向上し、豊かになり、人間が幸福になれるという考えは、誤りだったのである。

消費は、人間が幸福を得るための手段ではあっても、目的ではない。理想は、最小限の消費で、最大限の幸福を得ることである。〈仏教経済学〉＝中道を進む経済学は、これを理想としている。そ

こで，シューマッハーは，最小限の手段によって与えられる目的をいかに達成するかについての体系的な研究を行い，その研究の成果を現代人の，簡素な生の，質のある経済生活に役立てようとしたのである。いま，私たちの大量生産と大量消費の経済システムは，たしかに考え直してよい時期にきている。一人ひとりが必要なかぎりでの少量消費ですむような，そういう経済システムを成り立たせていくように考え直していかなくてはならないだろう。

6 自然との霊的結合

● 生命中心の自然理解

スピリチュアリティ

宗教は，本来，自然のなかにあって，自然の大生命と一体となる経験から展開してきたように思われる。〈生きているいのち〉が〈生かされているいのち〉と一体であるという自覚は，〈人間の心の奥底にある霊性，スピリチュアリティ〉と〈自然の懐の奥底にある霊性，スピリチュアリティ〉との不思議な和合を物語っているのではないだろうか。

仏教では「山川草木悉有仏性」といい，神道では「神心」といって，一滴の露，野の鳥，曙の空の光にもこれが宿っているとみている。キリスト教では自然は「第二の聖書」であり，神の「生けるからだ」である。それは「見えざる〈恩寵〉＝恵みの，見ゆる形」として，サクラメントなのである。したがって，自然はときに教会に代わる魂の浄化力であり，神意を伝える奥義でもあったのである。

〈霊性，スピリチュアリティ〉は，〈霊，スピリット〉から出てきた言葉である。それは〈息づくもの〉を意味する言葉であるから，人間，植物，動物のような生きもの全部をさす。しかし，大地も生

きている。地球も，宇宙も生きている。霊性を帯びるもの，息づくものとして，生きて経験している。地球も宇宙も〈いのちの源〉であり，いのちに必要な要素をすべて備えて，創造を持続させている。したがって，〈霊性，スピリチュアリティ〉は生命中心のことである。

〈霊性，スピリチュアリティ〉は，〈いのち〉を促進し，拡大し，尊重し，保護する。だから，私たちは，大地も地球もコスモスも，霊によって造られ，霊によって治められているというコスモロジーを基本的な原理として受けいれている。そこで，いま洋の東西を問わず，夫婦で歩くお遍路さんが着実に増えていて，「霊性の自己発見の旅」といわれるものが始まっているのである。

私は旅先で，スピリチュアリティを求める熟年のアメリカ人牧師夫妻と出会ったことがある。二人は数週間のイギリス巡礼の旅——霊性の自己発見の旅——の途上にあった。近隣にある古い修道院や礼拝堂を訪れては，物質文明に疲れきっている自分たちの魂の癒しを求めていた。「いま，アメリカでは，人々は経済的な関心だけに基づいた量的な物質生活を空虚なものだと感じ始めています。そして，その虚しさを埋めるために，宗教的なもの，エコロジカルなもの，霊的なものがしきりに求められているのです」と，二人は私に話してくれた。

そういえば，あのとき，「いのちは大いなる賜物だ，抱かれているのだ，逃げ出してはいけない」と，つぶやくようにして言い，「いのちのルーツは神との〈密接な〉関係にある」とも話していた。「その神はどんな神か」と尋ねた私に，「超越的であるが，内在的でもあるような神だろうか……」と，幾分，ためらう様子で私に応じていた。

よくよく考えてみれば,〈衆生〉＝生きとし生けるものは,みなサクラメンタルなものである。創造物はみな神の内在のシンボルなのだ。この内在は,霊性においては自明なものではないのか。古いタイプの神秘主義によれば,〈霊〉は創造の内に宿り,コスモスを新たにするという。こうして,宗教的神秘主義により,自然と創造についての見落とされがちな局面が浮き彫りにされるのである。

　霊性の自己発見の旅をすませた牧師夫妻は,1996年1月6日付の手紙で,私にこう知らせてきた。

　　「私たちにとって,いま霊性とは〈沈黙〉＝聞くことであり,〈従順〉＝神に従うことであり,〈祈り〉＝許しを受けることであり,〈コミュニティ〉＝和解することです。つまり自然に対して,自分に対して,コミュニティに対して,〈密接な〉関係を回復することにより,いま癒しを感じています。ですから,この場合の〈密接な〉という意味は,〈密接〉＝〈霊性的〉＝〈自然的〉という同意関係にあるように思われます」。

パン・エン・セイズム　　この手紙を読みながら,その2年前,はじめて夫妻と交した会話のことを懐かしく思い返していた。あのとき,「いのちのルーツは神との密接な関係にある」といわれて,私は「その神はどんな神か」と聞き返した。いまなら,夫妻はためらうことなく,「超越にして内在の神」と答えるだろう。霊性に深く目覚めた人の心の発露がここにはある。

　そう,私たちは「神のうちに生き,動き,かつ存在している」のである。神は「超越にして内在」「内在にして超越」なのである。こういう神の理解の仕方は〈汎在神論〉＝パン・エン・セイズムといわれる。「内在」を関心事とする〈汎神論〉＝パン・セイズムと,

Column 環境芸術は自然の治癒をめざす

ナンシー・ホルト（Nancy Holt, 1938年～）の《空の丘》（*Sky Mound* [1985年開始, 2000年から中断], Hackensack Meadowlands, New Jersey, USA）は，ニュージャージー州にあるゴミ埋立て地全体を公園につくりかえた作品である。しかしコンクリートで押し固めた人工的な公園ではない。100万トンのゴミが30メートルの高さまで積みあがる22ヘクタールの土地に，ゴミから出るメタンガスを回収するシステムを設置し，有害物質が地下水に浸み出すのをくい止める設備を用意し，ペットボトルから再生されたプラスチックで表面を覆う。それだけではない。渡り鳥の生息地となるように，本来の生態系をそこに回復させている。完成した公園では，季節ごとに移り変わる太陽や星の運行を観察できるようにもなっている。一種の自然保護区となったこの場所で，ひとは身体的・精神的再生の源としての自然のエネルギーと美を体験するのである。

環境芸術は，人間と自然のかかわりを最も直接的に反映している芸術であり，とくに地球規模で深刻化する環境問題にきわめて現実的な仕方で応えようとしている。自然や都市の生態系が直面している問題を，写真，絵画，彫刻，ビデオなど多様なメディアを使って明らかにすることで，人々の意識を高め，かつ具体的な解決策を芸術作品として提案・制作している。そこでは常にさまざまな人々との共同作業が前提されている。作品がつくられる地域社会，行政機関との交渉のみならず，生化学，農業経済学，工学，都市・景観計画など多くの学問領域と手をとりあいながら，生態系に対する最新の知識を動員し，専門領域間の垣根やさまざまな制約を飛び越えて，環境問題についての学際的かつ持続可能な解決策を提示しているのである。

かつては風景画が都市生活者を自然に結びつける役割を果たしていたが，理想的な自然の風景を見出しにくい現代においては，環境芸術が都市に自然を導き入れるべく努めている。ひとは自然のなかでこそ魂の治癒を体験するにもかかわらず，自然のなかにあるはずの治癒力は，まさに現在私たちの目の前で失われようとしている。だからこそ，環境芸術は自然の治癒をめざして，芸術による環境の再生を行っているのである。

「超越」を関心事とする〈一神論〉＝モノ・セイズムとの，二つの異なる関心事の統合がここにはみられる。伝統的な二つの神論を統合した，この新たな現代の神論，〈汎在神論〉＝パン・エン・セイズムのもとで，実は宗教がエコロジーに結びつくのである。21世紀は，確実に，エコロジーとともに，宗教と霊性とが重要視される時代になるだろう。

演習問題

1 高度産業社会を形成した日本に，まだアニミズムは深く残っている。現代社会はこの「アニミズム」をどのように理解しているのだろうか。考えてみよう。

2 「人間は神のスチュワード，神の信託者である」という思想は，どうすれば現代の環境倫理のなかにまで拡大することができるだろうか。検討してみよう。

3 人間中心主義の社会から，自然との共生を前提とした社会へと，どうすれば転換できるだろうか。議論してみよう。

4 環境問題とのかかわりにおいて，どうしていま自然との霊的結合ということがいわれるのだろうか。その理由を考えてみよう。

★ 参考文献

チャールズ・カミングズ（木鎌安雄訳）[1993]『エコロジーと霊性』聖母文庫。

小原秀雄監 [1995]『環境思想の多様な展開』〈環境思想の系譜 3〉，東海大学出版会。

山折哲雄・中西進編 [1996]『宗教と文明』〈文明と環境 13〉，朝倉書店。

間瀬啓允 [1996]『エコロジーと宗教』〈現代の宗教 10〉，岩波書店。

ジョン・パスモア（間瀬啓允訳）[1998]『自然に対する人間の責任』新装復刻版，岩波書店。

ジョン・カブ・Jr.（郷義孝訳）[1999]『今からではもう遅すぎるか？』ヨルダン社。

第10章 消費者の自由と責任

対環境的に健全な社会を築くために

本章のサマリー

　今日の環境問題は、現代社会のもつ構造的な問題点に由来している。それは「自由」、とりわけモノやサービス・情報の消費における自由のあり方である。この問題点を直視し、かつ改める決断なしには、環境問題の解決も、生態系の保存も、人類の存続もありえないという瀬戸際に、私たちは追い込まれているのである。

　この章では、まず現代自由社会のどのような点が今日の環境危機を生み出す原因となっているかを明らかにし、次いでこれまでの章で論じられた環境倫理の諸々の立場を踏まえて、私たちの消費行為に課せられる制約条件がどのようなものになるかを示す。次にそこから、私たち先進国の消費者の生活様式の問題点を指摘し、その改善のためになすべき努力を具体的に提案する。そして最後に、現代自由社会におけるさまざまな自由のうち今後訣別しなければならない自由と、その代わりに新たに得られる自由について論じ、将来築かれるべき対環境的に健全な社会の具体像を示すことにする。

本章で学ぶキーワード

自由社会　　共有地の悲劇　　対環境的責任　　拡大生産者責任　　持続可能な開発　　消費生活全般の徹底的見直し　　産業社会の基本構造

1 環境問題における個人の自由と責任

●自由社会にひそむ環境破壊の根

自由社会の問題点

自由社会ないし自由主義社会とは，個人の自由を最も重要な根本的価値として最大限に尊重することを基本原則とする社会のことである。自由社会であることを標榜すること，あるいは少なくともめざすべき理念として掲げることは，現代社会の主流をなす趨勢であるといってよい。しかしこの社会形態は，次にあげるようないくつかの問題点をはらんでいる。

(1) 本来，個人の自由にはそれに相応する責任が表裏一体をなしてともなっている。この責任は各個人に対して，彼とともに社会に属する他のすべての個人の同様な自由と基本的権利を擁護・尊重する必要上，必然的に課せられるものである。ところで，対人的行為における責任は，誰かがそれに悖る行為をすれば，それによって侵害を受ける他の個人の抗議・非難・抵抗などを直ちに招くので，比較的自覚されやすい。これに対して，対環境的行為における責任は，それに悖る行為に対して環境そのものが抗議の声を上げることはなく，またそのような行為の対人的影響は間接的で長い時間を経てはじめて顕在化することが多いため，なかなか自覚されにくいという事情がある。その結果，個人の自由を最優先して重視する社会のなかでは，対環境的行為における責任はしばしば軽視される傾向がある。

(2) 自由な社会とは本来，個人がそれぞれの個性や価値観に応じた独自の多様な生き方を追求・展開しつつ共存できる社会でなけれ

ばならない。しかし現代のいわゆる自由社会においては，さまざまな自由のなかでとくに経済活動の自由（金銭の獲得，物的豊かさの追求，モノやサービスの生産・販売・購入・使用・廃棄などの自由）の著しい偏重がみられる。そしてこの経済的自由，およびそれと分かちがたく結びついた産業社会体制・市場経済体制の円滑な運営と維持発展に第一義的な優先的価値がおかれる一方で，本来の多様な生き方の自由はそれと相容れないものとしてむしろ妨害・圧殺され，価値観や生活様式の画一化・没個性化が進行している。その結果，社会の大多数の人々が同じ時期に同じようなモノやサービスに価値を見出し，いっせいにそれを求め，購入し，使用し，捨てるといった現象が，各個人の自主的行動としてよりはむしろ産業界や市場関係組織の意図的操作の結果として繰り返されることになる。ここにいわゆる大量生産・大量消費・大量廃棄社会の生じる背景がある。

「共有地の悲劇」の教訓

第7章で紹介された「**共有地の悲劇**」という理論モデルは，今日の環境危機が上に述べたような自由社会の問題点に根ざしていることを明確に示したものということができる。

第一に，この理論モデルでは，共有の牧草地の負担能力すなわち放牧可能容量が，有限であると想定されている。このことは，全人類の共有財である地球の資源・環境が有限であることと完全に類比的である。第二に，この牧草地にはすべての人が好きなだけの牛を放牧してよいという想定は，「個人の自由の尊重を最優先し，環境に関する責任を軽視する」という自由社会の問題点(1)を表している。第三に，個々の放牧者が「経済人」として，自分にとって最大の利益（収入）をもたらすような行動を選択するという想定は，「尊重

される個人の自由が，現実にはもっぱら経済的自由として行使される」という自由社会の問題点(2)を表している。さらに，この理論においては，「私が牛の放牧数を増やすのを遠慮しても，他の人々が増やしつづければ牧草地全体への影響は同じであり，しかも私だけが損をして敗者になってしまう」という心理が各放牧者に働くことが暗に想定されているが，これは自由社会の根本原理の一つである「利益獲得をめぐる競争」の原理を織り込んだものといえる。したがって，過放牧による共有地の崩壊（これは，すべての放牧者のすべての牛の餓死を意味する）という結末に至りつくこの理論モデルは，次のことを示している。すなわち，「有限な資源・環境しかない地球上で，経済的自由としての個人の自由を他の何よりも重んじるという自由社会の旗印のもとに，各個人が互いに競争しつつ，自己の個人的利益の最大化を最も合理的なやり方で追求しつづけるならば，(資源・環境の負担能力に余裕のある間はよいが，いずれ避けられない結果としてこの負担能力の限界に達するや否や）まさにそのことの必然的帰結として，資源涸渇と環境破壊による人類全員の最大損失という事態に立ち至る」ということである。

　私たちはしばしば，自分の経済活動や日常生活が多くのエネルギー（電気・ガス・石油など）や物的資源（水・木材・金属など）の浪費と，廃棄物（排水・排気ガス・生ゴミ・使用済みの使い捨て製品など）の大量排出をともなっていることに気づきながら，「自分ひとりが改めてもどうにもならない」ということを言い訳にして，このような活動・生活をダラダラと続けてしまう。この場合の私たちは，「共有地の悲劇」を生み出す放牧者と同じ行動をとっているのである。このような行動は，地球の資源は私たちの欲しいものを無限に与えてくれ，環境は私たちの生み出す不要物を無限に受け入れてくれる

かのような発想に立っており、この発想は、地球人口が少なく産業規模も小さく、技術力も未発達であった近代社会のある時期までは、人間生活の質的向上をもたらすうえで一定の歴史的意義を有していた。しかし、私たちの産業・経済活動や消費生活の規模と人口とが地球の資源・環境の許容限界に達しようとしている今日、この発想はもはや時代遅れであり、それに基づいた活動・生活を続けることは、自然環境と、現在・未来の全人類および全生物に対する無責任な甘えでしかない。

拡大生産者責任 このような無責任を是正すること、すなわち**対環境的責任**を果たすことは、さしあたり産業・経済活動においてモノ（製品）の生産や流通に携わる人や組織に対しては、すでに厳しく要求されるようになりつつある。一般に生産者の責任とみなされているものは、(1)生産の工程において、(a)生産現場で作業に携わる労働者の安全に配慮する責任と、(b)この工程に伴って生じる環境に有害な物質や廃棄物について、その発生・排出を抑えたり、適正に処理したりする責任、(2)製品の使用段階において、(a)製造物の欠陥が原因となって使用者が被害を受けることを防止する責任（製造物責任：product liability, 略称PL）と、(b)使用に伴う環境に有害な物質（たとえば自動車の排気ガスに含まれる有害成分）の発生を抑制する責任、の四つであるが、このうち(1)-(a)と(2)-(a)は対人的責任であるのに対して、(1)-(b)と(2)-(b)は対環境的責任であることがわかる。しかも近年、これらに加えて、製品に対する生産者の責任を製品の使用済み段階にまで拡げる**拡大生産者責任**（extended producer responsibility, 略称EPR）という考え方が提唱されるに至っている。

拡大生産者責任とは，製品が使用済み段階において廃棄物などの形で環境に有害な影響を与えないよう，原材料の選択や製品の設計の段階から配慮することや，使用済み製品の回収・処理・リサイクル等の実施および費用負担をも，生産者の責任に含めるという考え方を指している。これは，環境に対する製品の影響に対応するための費用が，従来は自治体などによる公的負担に委ねられることで市場から外部化されていたのを，汚染者負担の原則（polluter pays principle，略称 PPP）に従って生産者自身に転嫁することで内部化し，使用済み製品の処分のコストを製品の価格に反映させるとともに，回収・処理・リサイクルが容易で環境負荷の少ない製品の開発への経済的インセンティブを生産者に与えることをめざしたものということができる。各国では 1990 年代なかば以降の 10 年ほどの間に，この考え方を制度化した立法が相次ぎ，日本でも「循環型社会形成推進基本法」(2000 年) や，これに基づく各種のリサイクル法が制定されている。

　しかしながら，このような考え方や制度が有効に機能するためには，製品を選択して購入・使用する主体としての消費者の果たす役割がきわめて重要であることが指摘されている。このことからもわかるように，対環境的責任は企業や産業界だけに課せられるものでは決してなく，消費者としての私たち一人ひとりが，自らの生活と行動において，この責任をはっきりと自覚し，果たしていかなければならない。そしてこのことは，私たちが自らの消費生活に大きな制約を課さねばならないことを意味する。その制約を規定する条件はどのようなものか。これまでの各章で説明された環境倫理の主要な考え方に立脚しつつ，それを次に考えてみよう。

2 消費生活を制約する条件
●環境倫理のさまざまな立場から

未来世代に対する責任　未来世代に対する義務・責任という考え方（世代間倫理）については、その妥当性をめぐってさまざまな議論がなされてきた。しかし、第3章で論じられたように、この考え方は「**持続可能な開発**（sustainable development）」の原則のうちに反映されており、そしてこの「持続可能」という概念は、いまや環境問題に対する世界各国の取り組みにおけるキー・コンセプトとして認知され機能している。このことはとりも直さず、世代間倫理の考え方がすでに現在の国際社会の共通認識となっていることを意味している。

それでは、私たちが上の原則に従って「持続可能」な生活を営むということは、具体的にはどのようなことを意味するのであろうか。同じ第3章で紹介されたハーマン・デイリーの説によれば、「持続可能な開発」とは、具体的には次のような条件を満たす開発のことであった（メドウズほか［1992］56～57ページ参照）。

(1) 再生可能資源（土壌・水・森林・魚など）の利用に関しては、その再生速度を超えてはならないこと。

(2) 再生不能資源（化石燃料・鉱石・深層地下水など）の利用に関しては、再生可能な資源を持続可能なペースで利用することで代替できる速度を超えてはならないこと。

(3) 汚染物・廃棄物の排出に関しては、環境がそれを吸収・浄化することのできる速度を超えてはならないこと。

たとえば、(1)地下水の利用はその涵養量を超えなければ、また漁

獲は、残った魚の繁殖によってその魚種の個体数が安定的に維持されうる限度内であれば持続可能であり、(2)石油の消費は、それによる石油涸渇（しゅったい）の出来が予想される時期までに、この消費によって得られているのと同じだけのエネルギーが太陽熱・風力その他の代替ソフトエネルギー源から得られるという、そういう目途のついている限度内に消費ペースをとどめれば持続可能である。さらに、(3)CO_2の排出は、植物の光合成作用や海洋の吸収作用による相殺の結果、大気中におけるその濃度が一定に保たれる限度内であれば持続可能であるが、高レベル放射性廃棄物（照射済み核燃料など）は、自然の力ではほとんど浄化されず（放射能の半減期がプルトニウム239で2万4400年、ウラン235で71万年）、人工的な無毒化技術の確立の見通しも立っていないため、持続可能な形での排出は原理的に不可能である。

このように、未来世代に対する責任という観点から、現在の世代が全体としてどの資源をどれだけ消費し、どの廃棄物をどれだけ排出してよいかは、地球環境の資源供給機能（ソース機能）と汚染吸収機能（シンク機能）の限界によってはっきり制約されている。

同時代の人々に対する責任

私たちが義務や責任を負う相手はもちろん未来の世代ばかりではなく、むしろ第一義的には同時代の人々こそその相手でなければならない。しかし第5章でも見たように、現代世界においては、世界人口の5分の1から4分の1程度を占めるにすぎない「先進」諸国が、化石燃料その他の資源の消費やCO_2などの廃棄物の排出において総量の大部分を占め、その国民、とりわけ都市住民が多様な物的利便を享受し大量のモノやエネルギーを使い捨てる生活を送

る一方で,「途上」国民のうちの少なからざる人々は必要最少限の物資（食糧・水・燃料など）にもこと欠き,「先進」国民の大量消費がもたらす環境破壊のツケに苦しむ，という不公正が現に存在している。一例をあげると，1991年における年間の国民1人当たりのCO_2排出量（炭素換算値）は，アメリカの5.8トンに対してインドは0.2トンと，約30倍もの格差があったという（日本は2.3トンでインドの約11倍。宇沢［1995］74ページ参照）。このような著しい不公正の存在は,「先進」国民の「途上」国民に対する義務・責任に明らかに悖る事態であるといわねばならない。

　この不公正を解消するにはどうしたらよいか。理論上は，個々の資源・廃棄物の「持続可能」な消費・排出の総量をその時点の地球総人口で除した値が，それぞれの資源と廃棄物についての各個人の消費・排出の許容割当量ということになる。もちろん個々の資源・廃棄物ごとの消費量・排出量には，体質・風土・文化的伝統などの違いに応じてかなりの個人差・地域差・民族差のあることが当然であるから，この机上計算値をすべての人に画一的に押しつけることは適切でないが，一般論としては，この割当量に達していない人々はこのレベルまで消費・排出を増加させる権利があり，逆にこれを上回る消費・排出をしている人々は，このレベルまで消費・排出を引き下げるよう物的生活水準を抑制する義務・責任を負っているというべきである。再びCO_2を例にとると，その持続可能な総排出量は炭素換算値で年間20億トン程度（現在の総排出量は年間約60億トン）とされているから，現在の地球総人口約64億人を基準として（年間約8000万人の人口増加を考慮に入れずに）考えると，1人当たりの排出許容割当量は年間0.31トン程度となる。したがって，平均的なインド人はCO_2排出をなお約60％増やす権利をもっている

が，日本人は現在の7分の1に，アメリカ人は何と19分の1に削減する義務・責任を負っていることがわかる（ブラウン編［1990］59ページ参照）。これは，現在の「先進」国の消費生活がいかに甚だしい不公正を前提として成り立っているか，またその是正がいかに人類にとって急務であるかを示すほんの一例にすぎない。

自然物に対する責任

人間以外の動物・生物あるいは自然物一般に対する義務・責任という考え方（反人間中心主義）については，第2, 6, 7, 8, 9の各章でも論じられたように，私たち人間がこのような義務・責任を負うべきか否か，負うべきだとすれば，それはどの程度までか（人間に対するのと同程度かそれ以下か），またその対象の範囲はどこまで及ぶか（動物のみか，全生物か，あるいはすべての自然物か）などの点に関して，さまざまな議論がある。しかしこれらの問題に関してどのような立場をとるにせよ，私たちは自然物の利用・開発・改変を行うにあたり，単に自然物から私たちにとっての最大の価値や利益，とりわけ経済的利益を引き出すことだけを考えるべきでないことは明らかである。なぜなら，自然の生態系は無数の生物的・無生物的構成要素の非常に複雑で微妙な相互作用からなる膨大なシステムであり，その一部分を人間だけの勝手な利益のために改変すれば全体の機能が阻害され，結局その一構成要素である人間自身の生存をも危険にさらすことになるからである。

それゆえ私たちは，あらゆる自然対象を私たちにとっての価値体系のなかでのみ評価するのでなく，自然生態系のシステム全体の脈絡のなかでも位置づけ，この位置（niche）に即した自然対象の機能を損なうことなく，むしろそれを維持・促進するような利用の仕方

（肉食動物が草食動物を捕食することを通じて後者の個体数を調節し，その生存環境の維持に貢献していることはその一例）を工夫しなければならない。これはたとえば，私が他の個人を利用して彼の活動から私にとっての経済的その他の利益を引き出すこと自体は必ずしも不当ではないが，その場合必ず彼の固有の考え方や感じ方に基づいた行動の自由を尊重する必要があり，彼自身の意思を無視して私の利益のみを最大にするような仕方で他人を利用してはならないのと，まったく同様である。

自然対象の利用に際して上述の原則に従うことも私たちの義務・責任であるとすれば，私たちの資源利用と廃棄物排出は，単に資源と環境の「持続可能性」のみを原則とした場合に比べて，量的規模においてもいっそう厳しく制約されるばかりでなく，その具体的なあり方に関する質的制約も課せられねばならないであろう。

3 大量消費生活の克服のために私たちは何をすべきか
●対環境的に責任ある生活様式をめざして

> 「人並みの生活」は無責任！

前節で明らかにされたような義務・責任を果たすために，私たち「先進」国の消費者は，一人ひとりの強い自覚と決意をもって，大量消費・大量廃棄の習慣に浸りきった日々の生活を根本から変革しなければならない。そのためには何を，どうしたらよいのだろうか。

ゴミの分別収集や空き缶のリサイクルに協力するとか，割箸や合成洗剤などの使用をやめて「環境にやさしい」製品を使うとかいったことで，果たして問題は解決するのだろうか。こういったささや

かな環境保護行動を気づいたところ、可能なところから一つひとつ実行していく姿勢は、もちろん大切であり、必要でもある。しかしこの種の行動を単発的に、痛痒を感じない程度にいくつか実行し、それをいわば心理的免罪符にして、あとは人並みかそれ以上の消費生活を送っているような人は、対環境的責任という点では完全に落第といわなければならない。私たち「先進」国の消費者は、ことさらに環境破壊的な行動や生活をしているという自覚も、そうしようとする意図もなく、ただごく普通に当たり前に暮らしているつもりでいても、それだけで日々あらゆる行動において対環境的責任を踏み外すことになってしまうという厳然たる事実を、まず直視する必要がある。

　上の事実を、衣食住・交通・情報通信などの身近な場面における具体例で検証してみよう。「衣」の面では、毎年季節ごとに新しい服を何着も買い、数回着ただけの「古い」服を大量に自宅の洋服掛けに吊したまま結局処分してしまうようなことを「当たり前」と思っている人はいないだろうか。そういう人々は、実は衣服の大量消費を通じて、その製造に必要な化石燃料・化学物質・羊毛・綿花などの大量消費を引き起こし、エネルギー・土壌・食糧その他の資源・環境に大きな負荷をかけているのである。しかもこのような矢継ぎ早な服の買い換えは、破損や消耗その他実用上の必要があってのことなのだろうか。むしろ、デザインの流行の微妙な変化や、「友達も新しいのを買ったから」などといった、まともな理由とはいいにくいような動機による場合がほとんどなのではないだろうか。

　次に、「食」「住」の分野では、野菜や果物は色鮮やかでツヤツヤの虫食いひとつないものしか買わないという人や、風呂場のカビ、トイレのしみなどは薬品でピカピカにし、匂いひとつないようにし

ておかなければ汚くて耐えられないという人はいないだろうか。実は多くの人々のこういう性癖が，農業生産における農薬や化学肥料の大量使用，家庭排水への有害化学物質の大量廃棄といった結果をもたらし，土壌・水系・生態系への大きなダメージを生み出しているのである。そもそも，農薬を使って作った虫食いのないツヤツヤの果物はそうでない果物よりも，本当においしくて健康によい食品なのだろうか。また，薬品でカビもしみも匂いもないようにした風呂場やトイレは，本当に清潔で健康的な住環境なのだろうか。そういうことを考えずに，ただ虫食いはイヤ，カビや匂いはイヤといっている人たちは，健康や清潔さに対する自分の認識と感覚を反省してみるべきであろう。

　交通の面では今日，自動車，とくにマイカー中心の交通システムが著しく普及・定着し，マイカーのない生活など「人並み」以下どころか考えられもしない，という人も少なくないだろう。しかしこの交通システムは，鉄道などの公共交通機関を中心としたそれに比べると，エネルギー・土地などの資源のロスや，排気ガス（地球温暖化を招く CO_2 や酸性雨の原因物質である NO_x・SO_x を大量に含む）・古タイヤ（処分が非常に難しい）などの廃棄物による環境への負荷が著しく大きいばかりでなく，それがマイカー利用者自身の経済的負担に転嫁されないこと，また道路施設の維持管理費用，路上での歩行や活動の制限，騒音や事故の被害などを通じて，社会全体と非利用者に多大なコスト負担・不自由・危険を強いることなど，多くの点で不公正なシステムでもあることが指摘されている。考えてみれば，マイカーが最も多く集中する「先進」国の大都市とその周辺地域では，他の交通機関が発達している一方で慢性的な交通渋滞や駐車スペースの不足が深刻化しており，マイカー所有の実質的メリットは

ほとんど失われている。それにもかかわらず,多くの人々がマイカー所有に執着しつづけるのは,それを社会的ステータスの象徴とみなす漠然とした通念や,見栄・体裁・「右へならえ」の心理などといった動機が働いているからであろう。その意味で,マイカーは資源・環境を意味もなく食い潰す無責任・無自覚な消費文明のシンボルといわなければならない。

　最後に,情報・通信の分野では,コンピュータの急速な普及が世界的な現象となっている。しかし,コンピュータの製造段階では,フロンをはじめとする多くの化学物質が使用されている。また,単機での電力消費はごく僅少であるとはいえ,情報の有効な処理・管理・通信のためには大規模なネットワーク・システムの端末として使用される必要があり,このような使用は全体として膨大な電力の消費を前提している。さらに,コンピュータ・ソフトその他の関連機構の技術的更新が繰り返されるために,機種が短期間で旧式化し,ユーザーがしばしば買い換えを強いられる結果,大量の有害廃棄物が構造的に生み出される点も見逃せない。その一方で,コンピュータの導入がすべてのユーザーに業務上・生活上の利便を確実にもたらすかどうかはきわめて疑わしく,業務関連先の導入に合わせて導入せざるをえなくなったというケースや,時代に遅れたくないという強迫観念から実質的意味なしに導入されるケースも少なくない。

　私たちのいわゆる「人並み・当たり前」の日常生活が,いかに不必要に資源を浪費し環境にダメージを与える対環境的に無責任な生活であるかは,上のわずかな例からも明らかであろう。このような生活から脱するために,私たちはどのような努力をすればよいだろうか。

> 私たちのなすべき努力

(1) まず個人一人ひとりのレベルにおいて、私たちは自己の**消費生活全般の徹底的見直し**を必要としている。そのためには、各人が自己の生き方についてしっかりした考えをもつようにし、その考えに基づいた固有の生活方針（もちろん、絶えず修正を容れる可変的なものであってよい）を立てなければならない。そしてその方針に照らして、さまざまな消費財を自己にとって必要な（つまり、自分の生活の質を自分固有の生活方針からみてより高いものとすることに寄与する）度合いに従ってランクづけし、そのなかで低いランクに位置づけられるものを努めて「なしですます」、もしくはレンタルその他のかたちで必要最少限に使用・消費するという生活習慣を身につけるようにしなければならない。とりわけ、メディアから流される情報や人為的につくられたブームによって、あるいは周囲の他人の動向や圧力・要求に対する安易な同調や屈服から、自分にとって必要度の低い、もしくは有効に活用しきる見込みのない商品を次々に買っては捨てるという悪習に対して、断固とした抵抗心をもつべきである。

(2) しかし、この種の個人的努力を少しでも実行してみようとした人は、この努力が現代社会の政治的・経済的その他の仕組みないし構造に由来する強大な力によって、絶えず妨害・圧殺されてしまうことに直ちに気づくであろう。洋服の新しいファッションや新式のコンピュータ・ゲームソフトなど、新たな流行商品のブームが情報誌その他のメディアを通じて次々と意図的につくりだされ、それに乗り遅れた人は周囲の人々から仲間外れになって孤立感を味わわなければならない。農薬や化学肥料を使っていない見た目の悪い野菜や果物など、近所の店やマーケットには置いてもいない。テレビのCMの影響でどこの家もトイレ消臭剤を使うようになり、使っ

ていない家の子どもが「トイレが臭くて恥しいので友達を家へ呼べない」と文句を言い出した。モータリゼーションの普及で近くの鉄道が廃止され，マイカーを買わざるをえなくなった。会社から「用件を電子メールで常時伝達できるようにしておけ」と命じられて慌ててコンピュータを購入した，等々。そしてどのメディアも，流行商品の長所や便利さを印象づける宣伝や広告を大量にタレ流すばかりで，それらの商品の環境や健康に対するマイナス作用を正確に伝えるような情報はほとんど流れてこない。こういったさまざまな，対環境的に無責任な消費行為を強制するような有形無形の社会的圧力が生じてくるのはなぜだろうか。それは現代産業社会が，その成員各個人の真に必要とするモノやサービスを供給するだけでは成り立つことができず，産業側が需要を創出し，売る必要のあるモノやサービスを各個人にその買う必要を超えて大量に買わせ，使い捨てさせることによってはじめて維持・発展できるような基本構造をもっているからなのである。産業社会のこのような構造を根本から，かつ迅速に変革する努力もまた，私たちに待ったなしに要求されているといわなければならない。もちろんこのような変革や，それがもたらす影響に不安や嫌悪感を抱く人も少なくないことだろう。しかしそういう人には，上述のような**産業社会の基本構造**が地球環境のソース機能とシンク機能の限界に突き当たってもはや維持不可能となっている現実を，曇りのない目で直視されるようお願いしたい。

(3) 上述のような個人生活と社会構造の変革のためには，私たちの価値観や人生観を変革し，来たるべき新しい社会の姿を正しくとらえる内面的努力が不可欠である。欲しいモノ・サービス・情報が，理由や意味にかかわらず何でも欲しいときに欲しいだけ手に入ることはよいことであるという価値観や，それが可能な状態こそ幸福で

あり人生の目的であるとする人生観は、けっして普遍的真理ではなく近代という一時代の産物にすぎないのであって、私たちはそこから速やかに脱却すべきときにきている。また私たちは、現代産業社会の次に来るべき新しい社会のイメージとして、ハイスピード、ハイテク、マルチメディア、サイバーなどの語によって形容される高度の流通化・技術化・情報化社会について語るのが常である。しかし少し考えてみればわかるように、このような社会は従来の産業社会を本質的な点で変革するものではまったくなく、むしろ後者の特質をさらに突きつめ極限化したものにすぎない。したがって、このいわゆる「新しい社会」は、仮に実現したとしても今日の社会の根本的な問題点の解決には少しもつながらず、持続不可能であり短時日のうちに衰退・崩壊することが避けられない運命にある。私たちのめざすべき将来の社会は、これとはまったく異なるものである。この社会とはどのようなものか。それを最後に、「自由」の新しいあり方を軸として描き出してみよう。

4 個人の自由の新しいあり方
●対環境的に健全な社会の具体像

訣別すべき自由

上述のような努力を遂行する過程において、私たちは不可避的に、これまでのいわゆる自由社会ないし自由主義社会のなかで当然のように享受・行使してきた自由のうちのあるものと訣別しなければならない。とりわけ、従来著しく偏重されてきた経済活動の自由は、その少なからぬ部分が過去の時代の遺物として清算されなければならないことが明らかである。その具体的なリストは次のとおりである。

(1) 自分の欲するモノ・サービス・情報は、それが自分にとって真に必要であるか否かにかかわらず、金銭的に可能なかぎり、好きなだけ購入・所有してよく、また購入・所有した以上は、自分にとって真にそうする必要があるか否かにかかわらず、好きなようにそれらを使用・消費・廃棄してよい、という自由。

(2) 自分にとって真に必要なモノ・サービス・情報の購入に要する限度を超えて、無際限に金銭的利益を追求してよい、という自由。

(3) 自分の金銭欲や自他の購買欲・消費欲を満たすために、原則的にはどのようなモノやサービスや情報でも、最も収益の大きくなるような仕方で売買してよい、という自由。

(4) モノ・サービス・情報の販売とそこから得られる収益とを無際限に拡大するために、真の必要を超えたモノ・サービス・情報の購買欲・消費欲を他人に起こさせることを目的とした、宣伝・広告・情報操作などの自由。

　上の主張は、戦時中の配給制やかつての東側諸国の計画経済のような、外的権力による個人の所得・消費の画一的規制を望ましいとするものではない。そもそも、過去の歴史に照らして考えてみても、この種の外的規制が成功する可能性は低いと思われる。人間はおのおの、その人格的・体質的個人差やものの考え方、方針などに応じて何をどれだけ必要とするかが著しく異なっているのが当然のことであり、社会全体としての消費のバランスもこのような個人差を含んだ上で成り立つものだからである。しかしそうはいっても、私たちが今後もいまのような大量消費・大量廃棄を惰性的に続けていけば、早晩極度の資源涸渇と環境汚染により、生存の必要上否応なく外的規制を強行することが避けられなくなるかもしれない。そうなってからでは遅すぎるのである。そういう事態を招かないために、

「自分の金で何をどれだけ買おうと勝手」「自分の金で買ったものをどうしようと勝手」「欲しがる人がいれば，何をどれだけ売ろうと勝手」という考え方が大手を振ってまかり通る世の中から，すべての人と生き物がみなそれぞれに自分らしく生きるために，限られた資源・環境をどのように分けあって利用するのが最も有益かを常に真剣に考えて生活することが，一人前の個人の当然のモラルとして求められる世の中へと，思い切った「世直し」を断行する必要があるということを，上の主張は意味しているのである。

　一度手にした自由を手放すことなど不可能だ，と思う人がいるかもしれない。そういう人には次のようにいおう。かつて，特定の身分や家柄に属する少数の人々が，他の多くの人々の自由の犠牲を前提として，特別な自由を享受した時代があった。しかしいまでは，まともな人なら誰もこのような自由を望みはしない。いま，人間という特定の種に属し，特定の時代（現在）と地域（「先進」国）に生きる少数の人々が，他の多くの人々や生き物の自由の犠牲を前提として，特別な自由を享受しつつある。しかしやがて，まともな人なら誰もこのような自由を望まない時代がくるであろう，と。

新たに手にする自由

対環境的に責任ある生活は，このように私たちの現在の自由の部分的放棄を要求するが，その一方で，私たちがこれまで手にすることのできなかった自由，失われる自由よりも価値の高い有意義な自由を，新たに得させてくれるものであることを見落としてはならない。

(1) すでに述べたように，私たちは経済的自由を最重要視する従来の社会体制のもとで，知らず知らずのうちに有形無形の多大な力によって自己の嗜好・購買欲・消費欲を操作され，自分にとって真

の必要性の低い流行商品の購入や過剰な大量消費を事実上強制されてきた。その結果，私たちの価値観や生活様式は画一化され，いわば私たちは自分のよいと思う生き方を自分で考え，それを実行する自由を著しく制限されてきたのである。これに対して，対環境的責任を重視する新しい社会では，経済的自由の縮小と引き換えにこのような強制からの解放が実現され，「必要なものを必要なだけ購入・消費する自由」「不要なものを購入・消費させられない自由」を通じて，自分なりの生き方を自分で考えて生きる自由が大きく拡がるであろう。

(2) 従来の産業社会・大量消費社会のなかで，その発展につれて際限なく上昇する消費生活の水準に追いつくべく絶えず新たなモノやサービスを購入しつづけなければならない私たちは，それに必要な安定した高い収入を確保するために，常に無用の競争や苛酷な労働生活を強いられ，多忙とストレスの犠牲となってきた。その結果私たちは，消費よりも高い人間的価値を生活のなかで追求することや，日々の個性的・創造的な営みを通じて深い精神的満足を享受することを可能にする，ゆとりある生活を奪われてきたのである。対環境的に健全な社会では，消費に対する人為的な外的強迫がなくなることにより，上述のような競争・多忙・ストレスなどは大幅に緩和され，個性と創意を日々の暮らしのなかで存分に発揮できる，真に自由で精神的内実に富んだ人間的な生活への道が開かれるであろう。

上に述べたことはもちろん，対環境的に健全な社会では真の自由が座して享受できるということをけっして意味しない。むしろそこでは，毎日を平凡に生きるためにも，一人ひとりの絶え間ない創意工夫の努力がいっそう要求されるであろう。しかしこのような，各

自の日常生活のなかでの創意工夫の努力を容れ，促すことによって成り立つ社会——今日のいわゆる「自由社会」のように，むしろそれを抑圧することで成り立っている社会とは対極的な位置にある社会——こそ，真に自由社会の名にふさわしい社会ではないだろうか。

演習問題

1. 自由社会とはどのような社会か。また今日のいわゆる自由社会にはどのような問題点があるか，整理しまとめてみよう。
2. 対環境的責任という観点から，自分の日頃の消費生活にはどのような問題点があるかを考え，書き出してみよう。
3. 自分の消費生活を対環境的責任にかなったものに改めるための具体的計画を立案し，実行してみよう。
4. 環境問題のほかにも，産業社会の基本構造からは多くの問題が生じている。その問題にはどのようなものがあるか，考えてみよう。

★ 参考文献

レスター・R. ブラウン編著（松下和夫監訳，北濃秋子訳）[1990]『ワールドウォッチ地球白書 1990-91』ダイヤモンド社（同書は毎年1冊ずつ刊行され，2005年7月現在，2005-06年版まで刊行ずみである。なお，編著者は2002-03年版以降，クリストファー・フレイヴィンに，日本語版の監修者と出版社は2001-02年版以降，それぞれエコ・フォーラム21世紀と家の光協会に交替している）。

ドネラ・H. メドウズ，デニス・L. メドウズ，ヨルゲン・ランダース（茅陽一監訳，松橋隆治・村井昌子訳）[1992]『限界を超えて』ダイヤモンド社。

K.S. シュレーダー-フレチェット編（京都生命倫理研究会訳）[1993]『環境の倫理』上・下，晃洋書房。

宇沢弘文 [1995]『地球温暖化を考える』岩波新書。

アラン・ダーニング（山藤泰訳）[1996]『どれだけ消費すれば満足なのか』ダイヤモンド社。

鳥越皓之編 [1996]『環境とライフスタイル』有斐閣。

OECD（財団法人クリーン・ジャパン・センター仮訳）[2000]「拡大生産者責任——政府向けガイダンスマニュアル」。

第11章 京都議定書と国際協力

実効的なレジームの構築へ向けて

本章のサマリー

2005年2月16日,京都議定書が発効した。

難産であったこともあるのだろう。京都議定書の発効に際しては,世界中で歓喜の声が渦巻いた。だが,冷静に考えてみれば,京都議定書が"気候系に対して危険な人為的干渉を及ぼすこととならない水準において大気中の温室効果ガスの濃度を安定させること"(気候変動枠組条約2条)という"究極の目的"の達成に必要となる国際協力体制を構築したものであるとは言い難い。

究極目的の達成に必要な国際協力体制の構築を阻害する最大の要因は明白であろう。途上国とアメリカ,つまり温室効果ガスの大量排出国の不参加である。

本章では,温室効果ガスの最大排出国の不参加というこの「単純な事実」を取り上げ,その背後を掘り下げていく。かかる作業を通じて,京都議定書に基づく国際協力のあり方を批判的に捉え,ポスト京都議定書の国際協力のあり方について考えるための視点を獲得することをめざす。

本章で学ぶキーワード

地球温暖化　適応　レジーム　京都議定書　気候変動枠組条約
共通だが差異ある責任　過去への責任　地球温暖化訴訟

1 地球温暖化問題

● 国際協力が必要な理由

地球温暖化問題とは何か

若い読者にとってはにわかに信じ難いかもしれないが，1970年代まで注目を集めていたのは「地球寒冷化」であった（竹内［1998］9ページ以下）。急激な温暖化とそれに伴う気候変動等の諸影響が局地的に起こることにより，生態系破壊等の悪影響が生じるというような「**地球温暖化**」問題が国際的な課題として本格的に取り上げられるようになるのは，1980年代も後半に入ってからのことである。

地球温暖化を問題視することに対しては，懐疑的な見方もある。たとえば，「地球温暖化は気候モデルによる予測にすぎず，実験的に実証されたものではない」「政治的な意図に基づくものであり，たとえば，原発推進のために地球温暖化論が主張されている」「20世紀の気温上昇分は自然変動の枠内に収まる」といった見解が見られる（山内［2003］36ページ以下）。

こうした主張にまったく合理性がないわけではない。というのは，確かに地球は温暖化傾向にはあるが，それが人間活動のせいかどうかはわからないのである。すなわち，完全に気候モデルに依拠している状況下において，モデルの能力を完全には信用できないとするならば，「わからない」というしかなく，「まっとうな研究者であれば，現段階で絶対にそうだとは言い切れない」（〈対談〉住×枝廣［2004］76ページ）。たとえば，雲についてはわからないことが多く，実際，CO_2 が倍増したとしても，（太陽の光を反射する働きの強い）下

層雲の雲量が2％増えさえすれば，温暖化は止まってしまうという説もある（同80ページ；武田［2005］63～66ページ）。

それでも地球温暖化問題への対処が喫緊の課題であるとする論者は多数に上る。その論拠について，主要なものを二つだけ確認しておく。

一つは，影響の不可逆的な性質である。一度崩壊した海洋の熱塩循環を元通りに機能させる術を，私たちは持ち合わせていない。一度融けてしまったシベリアの永久凍土をもう一度作り直し，従前のように機能させることもまた然りである。「自然そのものの自己同一性の維持システムを人為的に破壊する」ことにより，われわれ人類は「究極的に身をゆだねることのできる自然的な自己調整システム」を永遠に失うおそれがある（加藤［2001］57～58ページ）。

もう一つは，不可逆的な影響が生じるかどうかを実験的に確証しえないことである。不可逆的な影響を伴うがゆえに，地球温暖化問題が確認されたときにはすでに手遅れなのである（加藤［2002］153ページ；澤・関編［2004］13ページ）。また，これからの環境危機の中心は，特定の影響よりもむしろ複数の影響の「相互作用」であるともいわれており，その予測は不可能ではないにせよ，困難を極めるものとなる（ナイ＆ドナヒュー編［2004］124～125ページ）。

これらの理由から，危機の発生という最終検証よりも前に合意する方法を探す必要がある（加藤［1998］iiiページ）との主張が展開されることとなり，地球温暖化問題については，後悔しない政策（No-Regrets Policy），つまり「仮に温暖化などの現象が起こらない場合でも後悔しない（いずれにしても無駄にならない）範囲の対策のみを行う政策」（気候ネットワーク［2002］183ページ）を基本指針として採用しようという声が上がることになる（住［1999］112～113ペ

ージ)。また、公害問題への疫学的視点が確立していることからしても、現在の科学の推論に依拠して、将来のリスクを回避すべきことは自明であるともいわれる(〈対談〉住×枝廣［2004］76ページ)。

以上を要するに、一口に「問題」といっても、科学の問題と、それに依拠した認識の問題があるが、地球温暖化問題では後者の問題の占める割合が非常に大きいのである(同75ページ)。

なぜ国際協力が必要なのか

地球温暖化が喫緊の対処を要する問題であるとして、それにどのように対処するべきであろうか。地球温暖化を始めとする地球環境問題の特性は、問題の広がりが地球規模であるというところに求められている。いわゆる公害については、その広がりが空間的に限定されているため、地域特定的な対症療法が可能である(ただし「公害輸出」の問題への留意が必要である)。だが、地球温暖化問題の広がりは、政治・行政的区分のような特定の空間に限定されることがない。そのため、一国の問題ではなく、国際的な取組が必要不可欠になる(蟹江［2004］12, 24ページ；藤原・李・古城・石田編［2004］169ページ)。つまり、地球温暖化に伴う人類への悪影響を緩和するためには、誰もが何らかの協力をしなければならないというのである(ゴドレージュ［2004］123ページ)。

だが、温暖化の影響には時間差があるし、その影響が誰にでも同じようにふりかかってくるわけではない(住［1999］4ページ)。また、温暖化の影響への適応能力は国ごとに違う。そうすると、「なぜ国際協力が必要なのか」という問いについては、もう少し丁寧な説明が必要であるように思われる。

紙幅の関係上、二点だけ指摘しておきたい。一つは、共倒れの防

止である。適応能力の低い国で発生した個別問題（例：伝染病）が勢いを増幅し（例：蔓延する），適応能力の高い国でも猛威をふるう可能性は低くない。いわゆる「グローバル化の厚み」により，「どこかで起こった小さな出来事が触媒作用を起こし，やがて他の場所で甚大な影響をもたらす」可能性はますます高まっているといえる（ナイ＆ドナヒュー編［2004］27～28ページ）。もう一つは，衡平性の確保である。具体的には，犠牲を特定の部分に押しつけてはならないという倫理的な要請ということになろう。たとえば，適応能力の低い島嶼国が水没するリスクへの対処としては，各国が温暖化ガスの排出を大幅に削減するよりもむしろ，水没する国々の人々を移転させるほうが"安上がり"であるという見解も存在する（ゴドレージュ［2004］149ページ）。しかしながら，人間活動から生じる大気中の温室効果ガスの90％を排出してきたと見積もられている先進国，すなわち原因者に，かかる見解を提示・支持する資格があるとは言い難い（同149ページ；住［1999］61ページ）。

温暖化問題の核心は，温暖化に伴う気候の変動度の大きさに対して，私たち人類がどのように**適応**するかというところにあるといえるが，その「どのように」という問題を考えるにあたり，上に見たような諸点を念頭に置くならば，国際的な協力が不可欠になるということができる。

その一方で，そうした国際協力の促進を難しくする要因がいくつもあることを認識しておかねばならない。近代国際関係は，そもそも「国益」の確保を国家の行動原理の中心に据えるウェストファリア体制に基づく（蟹江［2004］10ページ）。そこでは「国際社会全体の利益」の確保をめざすという方向での動きは鈍重にならざるをえない。また，地球温暖化問題が「現在の社会を決定的に律している

エネルギーと直結している問題である」ことにも十分留意する必要がある（澤・関編［2004］7ページ）。すなわち，CO_2を始めとする温暖化ガスの排出削減要求は，そのままエネルギーの利用削減要求につながり，ひいては国家経済に大打撃を及ぼすことが予想される。経済的基盤の安定を損なうことで国際社会でのリーダーシップの基盤の一つを失うことが確実である状況で，各国が「国際社会全体の利益」のために進んで排出削減に取り組むことへ過度の期待を寄せることはできない。

こうした複雑な状況下において，国際協力を進めるための**レジーム**（regime），すなわち「秩序および規範やルールの体系」や「一連の国際的な体制のセット」の主要な一部として成立したのが，「気候変動に関する国際連合枠組条約の京都議定書」（以下，「**京都議定書**」または単に「議定書」という）である。とにもかくにも，「合意が国際的な意味をもつ倫理というかたちで形成され」たものといえるだろう（加藤編［1998］7ページ）。それでは，京都議定書を中心とする国際協力の仕組みとは具体的にいかなるものなのであろうか。

2 地球温暖化レジーム

●気候変動枠組条約と京都議定書

枠組条約方式

京都議定書を考察課題として取り上げるに際して，「気候変動に関する国際連合枠組条約」（以下，「**気候変動枠組条約**」または単に「条約」という）に簡単にふれないわけにはいかない。気候変動枠組条約は，1992年にリオデジャネイロで開催された地球サミット（正式名称：環境と開発に関する国際連合会議）において署名のために開放され，1994年3月

21日に発効した国際環境条約の一つである。

条約は,「気候系に対して危険な人為的干渉を及ぼすこととならない水準において大気中の温室効果ガスの濃度を安定化させることを究極的な目的」として掲げ（2条），その目的を達成するための措置を講ずるにあたり，いくつかの原則を規定する（3条）。すなわち，衡平の原則や予防原則，発展途上国などの個別のニーズおよび事情への考慮原則等である。そして，これらの原則に従い，途上国にも温室効果ガスの排出抑制を求める一方で，先進国には差異のある責務として，その排出を2000年までに1990年レベルに戻すことが，温室効果ガスの排出の長期的な傾向の修正に寄与するものと「認識」することや途上国への技術移転や資金供与等の支援を行うこと等を（曖昧な文言で）定めたものである。

枠組条約とはその名の通り「枠組」であり，その目的を達成するための具体的な義務については，補完的な法的文書の採択・発効を待たねばならない。すなわち，枠組条約方式では，基本的な原則やその後の交渉の枠組，一般的な義務についての合意（枠組条約）をまず採択する。そして，科学的知見の発展や技術の進歩などに応じて，より具体的で明確な義務を定める議定書や附属書を作成する。これにより，科学的不確実性の大きい地球環境問題について，各国の義務を漸進的に強化していくという特徴を有している（水上・西井・臼杵編［2001］123ページ；高村・亀山編［2002］43ページ）。

京都議定書は，条約7条で設置された締約国会議の会合，いわゆるCOP（Conference of the Parties）での厳しい交渉（田邊［1999］）を経て，1997年12月11日，COP3において採択された。1998年3月16日に署名のために開放された後も状況はめまぐるしく変わり，2001年3月のアメリカの離脱が明らかとなった時点では「京都議

定書は死んだ」とまで揶揄されたものの，最後にはロシアの批准によって発効要件が充たされ，2005年2月16日に発効の運びとなったものである。

京都議定書の概要

京都議定書の中身を詳細に検討する作業については他の文献（例：高村・亀山編[2002]）に任せ，ここでは，後続する検討に必要な範囲でその概要を捉えておくことにしたい。大胆に整理するならば，次のような箇所がポイントとなろう。

第一は，排出削減の対象となる温室効果ガスを特定するとともに，基準年や約束期間について定め，さらに拘束力のある排出削減目標を数値化したことである。議定書では，CO_2，メタン，亜酸化窒素の主要3ガスに代替フロン等の3ガス（HFC，PFC，SF_6）を加えた合計6種類を温室効果ガスとして特定している。これらの排出量について，2008年から2012年までの約束期間中に，基準年（主要3ガスについては1990年。代替フロン等の3ガスについては1995年とすることも可能）のレベルから，先進国（条約の附属書Ⅰ締約国）全体で5.2％を削減するとしたものである。

第二に，削減量の数値に差異を設けていることである。そもそも途上国に対しては拘束力ある排出削減義務についてはもちろん，自発的な数値目標へのコミットメントへの言及すらなされなかった。他方，附属書Ⅰ国については，全体での削減率は5.2％だが，議定書の附属書Bに規定するように，各国の削減数値における差異を認めたものである。具体的には，EU8％，アメリカ7％，日本6％等である。

第三に，「京都メカニズム」と称される柔軟性措置を設け，市場

原理を活用して，削減義務の達成をめざしていることである。京都メカニズムとしては，

① JI（共同実施：Joint Implementation）：
議定書を批准した附属書I国（とりわけ経済移行国）内での温室効果ガス排出削減事業（または吸収源による除去事業）に投資した国が，当該事業による ERUs（排出削減単位：Emission Reduction Units）の一部をクレジットとして取得することを認める仕組み

② CDM（クリーン開発メカニズム：Clean Development Mechanism）：
附属書I国が，一定条件のもとで，非附属書I国内で行う事業から 2000 年以降に得られるクレジットである CERs（認証された排出削減量：Certified Emission Reductions）を得られる仕組み

③ 排出量取引（Emissions Trading）：
附属書I国間の排出量取引

の三つがある。

最後に，植林や森林管理等の人為的な「吸収源」を拡大する活動を，削減数値の達成に利用できるとしたことである。

他方，議定書の中身を実施するための詳細な制度的合意は成立していなかった。そのため，その実施を可能とする細則の整備については，COP3 後の国際的な議論の場へと委ねられた。そして紆余曲折を経て，2001 年末，COP7 においてマラケシュ合意が採択され，京都メカニズム，吸収源活動，報告・審査制度，遵守制度，途上国支援等についての内容が実質的に定められたのである。

京都議定書の問題

京都議定書については、技術革新のために必要な時間の観念が希薄であること等、多くの問題を抱えていることが指摘されている（例：澤・関編［2004］306ページ以下）。だが、条約2条に掲げる究極目標の達成に必要となる国際協力体制を構築したものであるかどうかという本章の問題関心に照らして、最大の問題は次の一点に集約されよう。途上国とアメリカ、つまり温室効果ガスの大量排出国の不参加である。

やや古い数字であるが、1996年における世界のCO_2総排出量は61.8億炭素トンに上り、各国の排出量の割合で見ると、第1位がアメリカで23.4％、第2位が中国で14.8％、第3位がロシアで7.0％、第4位が日本で5.2％、第5位がインドで4.4％となっている（高村・亀山編［2002］4ページ）。京都議定書では、1位、2位および5位の国々が規制対象から外れている。また、そもそも議定書では、途上国に対し何らの排出削減義務も設けられていないので、排出削減対象となる温室効果ガスの量はますます小さくなる。結局のところ、京都議定書では、世界の温室効果ガスの3分の1しかカバーできず、あとの3分の2は「全く野放しにされている」のが実情である（澤・関編［2004］269ページ）。そして、図11-1に示すように、途上国が「排出先進国」となる近い将来において、議定書でカバーできる範囲はますます狭まっていく。

その一方で、条約2条に掲げられた究極目標を達成するのに越えねばならないハードルはきわめて高い。現在380 ppmであるCO_2の濃度を、今後どのくらいのレベルで止めるべきかについては、産業革命前の約2倍である550 ppmという数字を挙げる論者が少なくない。これを超えると生態系への悪影響が発生するといわれているからである（気候ネットワーク［2002］12ページ）。だが、すでに述

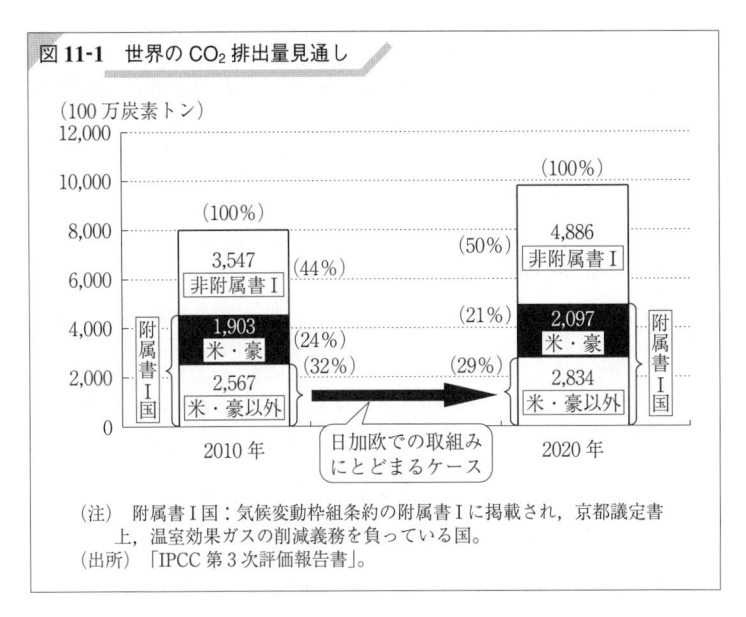

図 11-1　世界の CO_2 排出量見通し

(100 万炭素トン)

- 2010 年: 附属書 I 国 — 非附属書 I 3,547 (44%)、米・豪 1,903 (24%)、米・豪以外 2,567 (32%)、合計 (100%)
- 2020 年: 非附属書 I 4,886 (50%)、米・豪 2,097 (21%)、米・豪以外 2,834 (29%)、合計 (100%)
- 矢印注記: 日加欧での取組みにとどまるケース

(注)　附属書 I 国：気候変動枠組条約の附属書 I に掲載され、京都議定書上、温室効果ガスの削減義務を負っている国。
(出所)　「IPCC 第 3 次評価報告書」。

べたように、そうした悪影響が発生してからでは手遅れであるから、たとえば、450 ppm で安定化させることを望むとしよう。その場合には、世界全体における温室効果ガスの総排出量を（現在のレベルから）2050 年までに 3 分の 1、2100 年までに 3 分の 2 も削減しなければならない（同 12 ページ）。

こうした状況下において、京都議定書が実効的な枠組たりうるかどうかという問いに対しては、大いに疑問であると答えざるをえない。ある論者が「京都議定書の継続に固執する理由はない」（澤・関編［2004］296 ページ）とまで言い切る理由もまさに、上に見たような大量排出国の不参加に起因する議定書の実効性の欠如に求められる。

以下、本章後半部分では、上に見たような「大量排出国の不参加」という「単純な事実」の背景を今一度、吟味してみることにし

たい。かかる事実を「実効的な国際協力への障害」として捉えることは簡単である。だが，この事実は，「そもそも実効的な国際協力とは何か」という根本的な問いについて改めて考えるための，活きた材料としての意味を有すると考えられるのである。

3 大量排出国の行方

● 途 上 国

途上国から「排出先進国」へ

京都議定書をめぐる交渉過程においても，途上国に対する実体的な義務の賦課を求める声は少なくなかった。たとえば，アメリカは，途上国に対し，排出目録の提出を義務づけるとともに，一定の発展段階に達した場合には，「自発的約束（voluntary commitment）」として自発的に数値目標を受け入れるよう求めた。そして，すべての途上国を対象とする，新たな定量的な法的規定を 2005 年までに採択することを提案したのである（大塚編［2004］40 ページ）。しかしながら，議定書における合意事項としては，報告の義務づけ（10 条）が規定されるにとどまり，途上国に対し，温暖化ガスの排出削減義務が課されることはなかった。

その一方で，途上国が「排出先進国」となる日は目前に迫っている。図 11 - 1 に示されているように，2020 年頃には，途上国の全排出量が先進国の全排出量を上回ることが予想されている。

このため，議定書採択後の COP においても，途上国の実質的な参加という論点が取り上げられてきた。しかしながら，途上国の強い反対により，この論点については，公式の場での議論をみるには至っていない（高村・亀山編［2002］232～233 ページ）。他方，技術移

転,資金供与,悪影響への対処の三点セットを内容とする途上国支援については,COP7で一応の合意をみている状況にある。

「共通だが差異ある責任」の解釈

途上国に対して温室効果ガスの排出削減義務を課さないという京都議定書のスタンスは,リオ原則の一つとして確立し,気候変動枠組条約でも明記された「**共通だが差異ある責任**」の原則を踏まえたものであろう。ただし,この原則に関しては,"責任の「程度」の問題ではあっても,責任の「存否」そのものにまでこの原則が拡張されてはならない"と解するのがすっきりとしているように見える。ある論者は,かかる解釈に基づき,差異化の具体的な中身は,個別審査のもとに認められる「例外」でなければならず,途上国であっても,先進途上国と最貧国等の「発展段階に応じて」責任を負うべきであると主張する(澤・関編［2004］274ページ)。

「差異」という文言それ自体の解釈に幅があることは否定できない。だが,先進国に**過去への責任**があるからといって,途上国の未来への責任を否定しうるということにはならないであろう。未来への責任が自らの行為の因果的帰責としての責任である以上,条約締約国としての途上国もまたそれを負うと解するのが道理である。途上国の発展の権利を優先する一方で,環境負荷の増大による不可逆的でカタストロフィックな気候変動が生じてしまえば(大塚編［2004］280ページ),待ち受けているのは「共倒れの未来」である。

そうした未来を回避するためには,先進国も途上国も未来への責任を共有することを認識し,その上で差異化の具体的な中身を考えていくべきであろう。「共通」の責任という観点から,「差異」という文言部分の解釈の幅を限定することがポイントとなる。言い換え

れば,未来への責任を果たしうる限度において,差異を設けることができると解釈するのである。「共通だが差異ある責任」原則は,誰もが応分の責任を負うための原則であり,特定の誰かがそれを免れるための原則ではないということを了解するところから始めなければならない。

「原因者負担原則」の適用

ただし,途上国に対し,未来の責任を果たすよう求めるならば,先進国は,過去への責任と正面から向き合う必要がある。「『持続可能な開発』を金科玉条として開発の権利のみを主張して自国のエゴを貫徹しようと画策し,成功を収めている」(田邊[1999] 251 ページ)と途上国を非難することはたやすい。だが,こうした「モラル・ハザード」を途上国が起こしているからといって,先進国の過去への責任が消えるわけではないであろう。また,そもそも先進国が過去への責任と真摯に向かい合ってこなかったことが,途上国による「持続可能な開発」原則の濫用とでもいうべき現象の発生要因となっていることにも注意しなければならない。

先進国の過去への責任についての認識は,「共通だが差異ある責任」原則として,気候変動条約のなかで具象化されている。問題は,当該原則の解釈に際して,未来への責任を数値化する努力に比べ,過去への責任の中身を明らかにする努力が小さかったことにあるように思われる。

過去への責任を具体化するに際して,いかなる考え方が手がかりとなるだろうか。真っ先に思い浮かぶのは,いわゆる原因者負担原則である。もちろん,地球温暖化問題については,事実上の損害が明瞭ではなく,個々の原因者を特定できない上,因果関係もはっき

りしているとは言い難い。それゆえ，この原則の厳密な適用になじむケースであるわけではなかろう。しかしながら，原因者負担原則の基本的な考え方を取り入れることは可能であろうし，実際，そうした方向で「衡平」に関する問題の解決を図ろうとするアイデアも（萌芽的な段階ながら）看取しうるようになってきた。

たとえば，ある論者は「累積的な排出量に応じて削減費用（これを削減量に置き換えることが考えられる）を負担する原因者負担的な割当」の設定可能性について言及する（大塚編［2004］279ページ）。そして，その設定に際しては，（過去の発生量をどの時点から算出するかがポイントとなるので）地球のCO_2の濃度を上げないような時期の排出についてはカウントしない，期限を区切る（この期限は更新されうる），支払能力を考慮するといった諸点に注意するべきであるとしている。

また，よりラジカルな立場から，「環境債務（ecological debt）」という概念が唱えられていることにも注目したい（Simms［2005］）。その提唱者（Andrew Simms）によれば，先進国の「過去への責任」は，これまでの炭素排出量を，気候変動関連の損害費用に換算することにより，具体的に見積もることができ，先進国サミット参加国だけで，その額は約13～15兆ドルに上るという（同105ページ）。この数字が完全なる正確性を有するものであるということはできない。だが，同じ数字には，これまでの先進国から途上国への援助（約1兆ドル）によって（先進国の）「過去への責任」が十分に果たされたわけではないことを端的に示すという意味がある。加えて，この概念には，先進国の負債相当分を途上国が債権として有しているという「逆転の発想」を展開する際のバックボーンとしての役割も期待されている。

未来への責任・過去への責任

途上国の排出削減義務のあり方という問題について考えるにあたっては，未来への責任と過去への責任との両方をいかに確保するかというところに焦点が合わせられるべきであろう。現在の途上国と先進国との対立の底流には，二つの責任が果たされていないことへの両者の不満が満ち溢れているように見える。これら二つの責任については，どちらを先に果たすべきかが重要なのではない。「共倒れの未来」を回避するには，両方の責任を同時に果たしていくことが必要不可欠である。おそらくは今後，原因者負担的な発想や「環境債務」のような概念を利用しながら，「共通だが差異ある責任」の合理的な解釈に基づくレジームのあり方を構想していくことが求められよう。

なお，未来への責任を誰もが果たすことについてはともかく，過去への責任に拘泥されるべきではないとか，その具体化は非現実的であるとかいう見解もあるかもしれない。だが，各国の排出削減目標の設定により大気というコモンズの区分にまで着手している人類が，過去への責任の具体化作業には取り組めないという論は通用しないはずである。

4 大量排出国の行方

●アメリカ

京都議定書からの離脱とその復帰の可能性

2001年3月，アメリカは，気候変動問題の重要性は認めながらも，京都議定書からの離脱を宣言した。温室効果ガスの排出量削減目標が同国にとって実現不可能な数字であること（2008年まで

に同国における現在の排出量の30％を削減する必要に迫られる），途上国の排出量に対する制約がないこと，遵守の手続が未定であること等が主な理由である（高村・亀山編［2002］55～56ページ）。

議定書離脱の翌年2月14日，ブッシュ政権は，地球気候変動イニシアティブ（Global Climate Change Initiative）を発表した。そこで強調されたのは，①排出量そのものではなく，集約度（intensity）の削減，つまりGDPで表される経済活動単位あたりの排出割合の削減をめざすこと，②自主的取組と技術開発により目標を達成することの二点である。だが，第一の点については，排出の絶対量が増大する，モニタリングのシステムが見当たらない等の問題点が指摘されている（大塚編［2004］171ページ以下）他，イニシアティブそのものに関する公的な経済分析もなされていないとの批判が加えられている（Lutter & Shogren［2004］p.112）。他方，後者については，2003年2月以降，Climate VISIONやClimate Leadersといった施策のもとで，産業界とのパートナーシップに基づく自主的取組（例：企業による自主的な排出削減目標の設定，排出データの公表）が進められている他，技術開発（炭素隔離や再生可能エネルギー開発等）のために，今後，相当額の支出が予定されているという。

こうした独自路線に終止符が打たれ，アメリカが京都議定書へ復帰する見込みはあるのだろうか。この点については，連邦議会による立法権の行使や政権交代の可能性を引き合いに出しながら，楽観論を展開する向きもある（松橋［2002］45ページ以下）。だが，可能性というならば，上程される法案が否決され続ける可能性も少なくないであろう。実際，エネルギー政策法の改正案は，幾度も上程されるものの，連邦議会の通過をみることなく今日に至っている（大塚編［2004］154ページ以下）。また，今後も共和党政権が続く可能性

もないわけではなく,「科学的知見と……自発的措置を重視し,技術革新の重要性を主張する米国の基本的立脚点は,政権を超えて存在する」(澤・関編[2004] 262ページ)ことを考えるならば,今後の政権による自発的な京都議定書への復帰の見込みもまた高いとは言い難い。

地方レベルのダイナミズム

むしろ,京都議定書への復帰という道も含めて,今後の政策変更ないしは方向転換の兆しは,連邦議会や政権執行部ではなく,アメリカの地方レベルで見え始めている。すなわち,州やその他の地方政府による地球温暖化問題への対応である。1990年代のアメリカでは「新しい分権化」が急ピッチで進んだ(小滝[2004] 73～74ページ)。地方レベルでの地球温暖化対策の進展は,この流れの上に位置づけられるが,とりわけ2001年のブッシュ政権の京都議定書離脱以降,その進展具合が目覚しい。ある調査によれば,これまでに全米24州の州議会で90本ものCO_2規制関連法案が上程されたが,そのうちの66本が2001年以降に上程されたものであるという(参考ウェブページ④)。以下,地方レベルでの対応の具体的な中身を三点に整理しておく。

まずは,州レベルでの温暖化対策である(参考ウェブページ②)。2002年7月22日,カリフォルニア州は,全米で初めて,自動車起源のCO_2排出を規制する州法を制定した。2004年に発表された規制基準案によれば,州内で新たに販売される小型車(SUVやミニバン等を含む)を対象として,2011年モデルでは23%,2014年モデルでは30%の排出量削減が義務づけられる。現在,ブッシュ政権およびいくつかの自動車メーカーからの訴訟攻撃にさらされている

(木村［2005］44ページ）ものの，当該規制は，州民の多くおよびシュワルツネッガー知事（共和党）からの強い支持をとりつけている。もちろん，州レベルでの温暖化対策はカリフォルニア州のみに見られる現象ではない。1998年，ニュージャージー州は，2005年までに州全体の温暖化ガス排出量を1990年レベルから3.5％削減する目標を設定し，それ以来，強制力のある合意（電力会社が対象）とない合意（その他の企業や大学等が対象）とを使い分けながら，目標達成に努めている。メインおよびコネティカットの両州では，最近（前者は2003年，後者は2004年），州法を制定し，温暖化ガスの排出量を2010年までに1990年レベルへ削減し，2020年までに1990年レベルより10％削減し，長期的には1990年レベルよりも75～85％削減するという目標を定めている。ブッシュ大統領のお膝元であるテキサス州を始めとする18州でも，電力会社に対し，一定量の電力を再生可能エネルギー起源とするよう義務づけるための措置が実施されている。

次に，州という行政区域を越えた広域的な取組が進行中である（参考ウェブページ①②③④）。2001年8月，合衆国東部6州およびカナダ東部6州の知事および首相は，気候変動行動計画（Climate Change Action Plan 2001）を発表し，そのなかで上記のメイン州と同様の削減目標を設定した。同じ12州は，温暖化への適応戦略に関する総合的な検討のためのシンポジウム（2004年3月）を開催するなど，その後も連携を進めている。また，2003年には，ニューヨーク州知事の呼びかけに応じた合衆国東部9州が，温暖化ガスの排出許可証取引（cap-and-trade）システムの共同開発・共同実施に取り組むことを決定した。現在，モデリングが進行中であり，今後，排出許可のサイズやメカニズム，関連予算措置等が明らかになる予

定である。他方，これらの東部諸州のみならず，西部諸州でも広域連携の動きが見られる。2003年9月，カリフォルニア，オレゴン，ワシントンの3州は，WCGWI（地球温暖化に関する西部沿岸諸州知事のイニシアティブ）を発表した。WCGWIそのものが定める措置は概括的かつ緩やかなものであるが，当該イニシアティブのもとに設置された各州の助言委員会（advisory committee）により，上記のメイン州と同様の削減目標の設定，カリフォルニア州での自動車起源のCO_2排出規制のオレゴンおよびワシントン両州での採用等，「気候変動に関する国内及び国際的な諸要件……の実施」（傍点は筆者による）をめざした意欲的かつ先進的な取組が多数勧告されている。

最後に，州やその他の地方政府が原告となって，いくつもの**地球温暖化訴訟**が提起されている（参考ウェブページ⑤⑥）。2002年8月27日，ボールダー市（コロラド州）およびいくつかの環境保護団体は，アメリカ企業の海外での事業（とりわけ発電事業や原油採掘事業）に支援投資している二つの連邦機関（以下，被告という）を相手どり，次のような訴えを提起した。合衆国では，日本の環境基本法および環境影響評価法に相当するNEPA（国家環境政策法）に従い，環境に重大な影響を及ぼす連邦の行為については，いわゆる環境アセスメントを実施することが要求されている。しかしながら，被告は，自らの投資支援対象である発電事業等から発生するCO_2の年平均排出量が地球全体の1.96％（2000年当時）にも及び，かつ巨額の公金（過去10年間で320億ドル）が投入されているにもかかわらず，それらの事業が地球温暖化へいかなる影響を及ぼしているのかの評価をしていない。かかる不作為がNEPAに違反する等と主張したのである。この訴訟は係争中であるが，提訴後，他の地方政府が続々と訴訟参加しており，2005年2月15日の段階で，アルカータ，サン

タモニカ，オークランド（いずれもカリフォルニア州）が原告として名を連ねるに至っている。この他，2003年6月4日，CAA（大気清浄法）のもとでEPA（環境保護庁）がCO_2を規制対象としないのは同法違反であるとして，コネティカット州，マサチューセッツ州，メイン州の法務長官が連名で訴えを起こした。この訴えに関しては，同年10月，新たに8つの州（イリノイ州等）とニューヨーク（ニューヨーク州）およびボルチモア（メリーランド州）が原告として名を連ねるなど，訴訟の裾野は一層の広がりを見せている。

地方レベルでの動きが地球温暖化レジームへ及ぼすインパクト

アメリカの地方レベルでの動きについては，グローバルな観点から見た場合の重要性が少ないという見方もありえよう。そもそも合衆国憲法の規定上，州は条約や議定書等の主体とはなりえない，積極的な自治体と消極的な自治体には施策上の温度差があり，結局，全体的にはパッチワーク的な対応となってしまう（イリノイ，ケンタッキー，ウェストバージニア，ワイオミング等，アメリカの電力の半分を生み出している石炭〔広瀬［2003］65ページ以下〕を基幹産業とする諸州では，温暖化ガスについての，いかなる義務的な排出削減措置も容認しないという内容の州法を定めている），連邦政府と比べて財政が安定していないので政策面での継続性を期待できないといった点が指摘されている（Rabe［2002］pp. 40-41）。しかしながら，ここで取り上げたような動きは，グローバルな観点からもまた見逃せないものと考えられる。その理由をいくつか挙げておきたい。

第一は，アメリカの州やその他の地方政府（の取組）が地球温暖化に及ぼす物理的な影響の大きさである。たとえば，カリフォルニア州のCO_2排出量は，日本よりも多く，世界全体の排出量の7%

に相当する（さがら［2002］147ページ）。その57％が自動車から発生することを考えるならば、上に見たカリフォルニア州の新規制が、グローバルな観点からどれほど重要な意味をもつかがうかがわれよう。この他、排出許可取引システムの共同開発・共同実施に取り組んでいる上述の東部9州の温暖化ガス排出量は世界全体の3.2％に相当し、この数字はドイツに匹敵する（参考ウェブページ①）。また、WCGWIを構成する3州の合計炭素排出量は世界第7位に相当し、イギリスが第8位である（参考ウェブページ④）。これらの事実からも、上に見たような取組の重要性は否定し難いのである。なお、温暖化ガスの年間排出量に関しては、テキサス州はフランスを、ウィスコンシン州はウズベキスタンを上回っている（Rabe［2002］p.1）。

第二に、地方レベルでの斬新な政策的措置の発展とそれに伴って発現するパッチワーク的な規制状況が、中央レベルでの政策変更の呼び水となる可能性である。近年の論稿でよく引き合いに出されるのが、1990年のCAA大改正のケースである（例：参考ウェブページ④）。このケースでは、1980年代における地方独自の大気汚染物質規制の進展とそれに伴うパッチワーク的な規制状況の出現により、結局、産業界までもが、地方レベルでの規制強化に合わせた形でのCAA大改正に賛同するに至った。ゆえに、パッチワーク的な規制状況の出現が逆に国家レベルでの方針転換の導火線となることは十分に考えられるのである。そして、そのことは、気候変動枠組条約第2条に掲げられた究極目的の実現と、アメリカの地方レベルでの動きとの間に重要な関連性があることを示しているものと思われる。

最後に、地球温暖化訴訟の政策形成機能である。訴訟の結果がどうであれ、裁判には世論を喚起し、新たな政策が形成される土壌を育む機能がある（田中［1990］262ページ以下）。上に見たケースでも、

提訴後，多くの州や地方政府が原告の主張に共鳴し，訴訟参加に至っている。こうした土壌の育成により，国家レベルでの方針転換が促進される可能性があり，このことは，上の第二点と同様の意味で，枠組条約の履行と有機的な連関を有することとなるであろう。

5 おわりに
●虚焦点と砂上の楼閣

　グローバル化が進む世界において，将来的な発展の見込めない国際制度は，次の二つの条件を備えることになるという。一つは，「新しい国際制度が強力な国家に悪影響をおよぼす人気のない決定を下すことになる」ことであり，もう一つは，「国際制度が，差し迫った世界的な問題を前にして効果を上げられないように見える」ことである（ナイ＆ドナヒュー編［2004］359ページ）。

　京都議定書は，この二つの条件を具備しているように思われるが，そのことを象徴的に示しているのが，温室効果ガスの大量排出国の不参加であろう。本章では，この「単純な事実」の背後を，今後の国際協力のあり方という問題を意識しながら掘り下げてきたものである。

　気候変動枠組条約に掲げられた究極目標（2条）の達成に必要な国際協力のあり方とはいかなるものなのであろうか。本章では，残念ながら，この問いに対する最終的な回答を用意することができない。京都議定書に基づく国際協力のあり方を批判的に捉え，ポスト京都議定書の国際協力のあり方について考えるための視点を獲得するという本章の目的から見て，その守備範囲を超えているからである。ただし，これまでの検討結果から問題を考える上で重要な論点

を示すことはできるので、その論点を三つほど提示して、本章の締めくくりに代えよう。

第一は、先進国において、「過去への責任」をどのように果たしていくかという問題である。環境倫理学は「未来世代の権利」について言及するが、その未来世代が暮らす社会はいかなる社会なのだろうか。実は未来にも「南北問題」があることを前提として「未来世代の権利」が語られているのではないだろうか。もちろん、環境倫理学は、近代経済学への鋭い批判を展開してきた（例：加藤 [2002] 151 ページ以下）。だが、未来世代の暮らす「社会の構造」についてはふれていないので、その経済学批判が南北問題を前提にして展開されているかどうかは明らかではない。

まずは、人を人と思わない状況の存在を認め、そこで「人間とは何か」を問うという問題設定（加藤編 [1998] 28・37 ページ）が重要であろう。そこから地球温暖化問題も水俣病と同じ原点から見つめなおし（＝「過去」を直視し）、「人間」や「未来世代」の意味するところについて、もう一度考え直すという全体的な作業の流れを観念することが可能となる。地球温暖化問題への原因者負担原則の基本的な考え方の適用や「環境債務」の概念などは、そうした作業を具体化していく際の手がかりとなる。かかる一連の作業の上に築かれるレジームこそが、国際協力の実効性を担保するもの、つまり途上国の参加を確保するものとなるのではないだろうか。「過去」を直視せずに「未来」を見つめることは「虚焦点」を凝視するのに等しく、「過去の忘却」の上に築かれるレジームは砂上の楼閣に等しい（姜・モーリス-スズキ [2004] 155 ページ以下）。なお、このような問題設定には、「途上国から見た……地球環境問題」に関する研究の促進を望む声（亀山 [2003] 229 ページ以下）を倫理的な文脈でサポー

トするという意味もあるように思われる。

　第二に，複数のレジームが並立する可能性である。そもそもレジームの主体は，主権国家に限定されているわけではないであろう。そうであれば，主権国家を主要構成員とはしないレジームがあってもよいだろうし，多国間国際条約の形式を離れた，より柔軟な形でのレジーム構築の可能性も追求する価値があるように思われる。実際，EUはアメリカの地方政府との排出量取引を考えているといわれており（参考ウェブページ④），今後はこうしたネットワーク的な形のレジームが出現することもありえよう。

　最後に，第二の論点とも関連するが，最も重要な論点として，京都議定書それ自体が，ある意味での「思考停止」状態を作り出している可能性について指摘しておきたい。京都議定書から脱退したとの一事をもって，アメリカを非難することはたやすい。だが，同国の地方レベルでは，地球温暖化問題への自発的な取組がある種のダイナミズムとして特定しうる状況にある。翻って，議定書を批准した国々において，足元から自発的な対応策を探ろうとする動きがどれほど隆盛をみているであろうか。上（中央政府）からトップ・ダウンで与えられた枠組（京都議定書）のなかで，多くの主体が不承不承対応しようとしているのが実情であるという現状認識を不適切であると言い切れるであろうか。

　何度も述べているように，アメリカの地方レベルの対応が十分であるわけではない。だが，京都議定書もまた大気というコモンズの分配の取り決めでしかないのであり，その枠組でしかものごとを考えようとしないのであれば，地球温暖化問題から逃れることは難しいといわざるをえない。

　かつてソロー（Henry David Thoreau）は，

「ロウソクは暗い部屋を明るく照らしてはくれるが,その炎に目を近づけすぎれば,まぶしさのあまり目がくらみ,結局世界はまた闇に包まれてしまう」

と述べた。京都議定書の採択・発効は,国際社会が地球温暖化問題と立ち向かうための重要な一歩となったことは間違いなかろう。ただし,その一歩が,どのような経緯で,いかなる方向に,どの程度の歩幅で踏み出されたものであるかを冷静に見極めなければならない。この作業を行って初めて,今後の実効的な国際協力のあり方を構想するための準備が整うものと思われる。本章は,かかる作業のわずかな一部を構成するにすぎない。

[付記]

本章脱稿後,2005年7月6～8日にかけて,イギリスのグレンイーグルでサミット(主要先進国首脳会議)が開催された。サミットでは,地球温暖化防止が主要テーマの一つとなり,G8各国と途上国5ヵ国が,地球温暖化問題に関して共同で取り組むための行動計画(グレンイーグルズ行動計画)が採択された。地球温暖化問題についての行動計画が採択されるのはサミット史上初めてであるが,その中身は,技術移転や共同研究開発等を中心とするものであり,とくに斬新かつ実体的なものは少ないように見える。

また,同じく本章脱稿後,加藤尚武[2005]『新・環境倫理学のすすめ』丸善ライブラリー,に接している。

演習問題

1 京都議定書の意義と限界について考えてみよう。
2 先進国の「過去への責任」がどのように果たされるならば,実効的な国際協力体制の構築へつながるだろうか。
3 アメリカの地方レベルで観察されるダイナミズムの原動力は何か。
4 ポスト京都議定書のための論点として,本章では「過去への責任」に向かい合うこととボトム・アップ的なレジーム構築の二点を示した。この他の重要論点として,いかなるものを提示しうるか。

★ 参考文献

田中成明［1990］『法の考え方と用い方』大蔵省印刷局。
加藤尚武編［1998］『環境と倫理（初版）』有斐閣アルマ。
竹内敬二［1998］『地球温暖化の政治学』朝日選書。
住明正［1999］『地球温暖化の真実』ウェッジ選書。
田邊敏明［1999］『地球温暖化と環境外交』時事通信社。
加藤尚武［2001］『価値観と科学／技術』岩波書店。
水上千之・西井正弘・臼杵知史編［2001］『国際環境法』有信堂高文社。
加藤尚武［2002］『合意形成とルールの倫理学』丸善ライブラリー。
さがら邦夫［2002］『地球温暖化とアメリカの責任』藤原書店。
高村ゆかり・亀山康子編［2002］『京都議定書の国際制度』信山社出版。
松橋隆治［2002］『京都議定書と地球の再生』NHKブックス。
亀山康子［2003］『地球環境政策』昭和堂。
広瀬隆［2003］『アメリカの保守本流』集英社新書。
山内廣隆［2003］『環境の倫理学』丸善。
大塚直編［2004］『地球温暖化をめぐる法政策』昭和堂。
小滝敏之［2004］『アメリカの地方自治』第一法規出版。
蟹江憲史［2004］『環境政治学入門』丸善。
姜尚中, テッサ・モーリス-スズキ［2004］『デモクラシーの冒険』集英社新書。
気候ネットワーク編［2002］『よくわかる地球温暖化問題（改訂版）』中央法規出版。
ディンヤル・ゴドレージュ（戸田清訳）［2004］『気候変動 水没する地球』青土社。
澤昭裕・関総一郎編［2004］『地球温暖化問題の再検証 ポスト京都議定書の交渉にどう臨むか』東洋経済新報社。
〈対談〉住明正×枝廣淳子［2004］「特集 気候大変動 温暖化は何を引き起こしているか」『世界』731号74-84ページ。
ジョセフ・S. ナイ Jr., ジョン・D. ドナヒュー編（嶋本恵美訳）［2004］『グローバル化で世界はどう変わるか——ガバナンスへの挑戦と展望』英治出版。
藤原帰一・李鍾元・古城佳子・石田淳編［2004］『国際政治講座3』東京大学出版会。
木村ひとみ［2005］「アメリカの気候変動訴訟」『第9回環境法政策学

会学術大会論文報告要旨集』41〜45ページ。

武田喬男［2005］『雨の科学――雲をつかむ話』成山堂。

Lutter, R. & Shogren J. eds. [2004], *Painting the White House Green*, Resources for the Future.

Rabe B. [2002], "Greenhouse & Statehouse: The Evolving State Government Role in Climate Change" (Prepared for the Pew Center on Global Climate Change). (参考ウェブページ②)

Simms A. [2005], *Ecological Debt*, Pluto Press.

〈参考ウェブページ〉

① Regional Greenhouse Gas Initiative ホームページ http://www.rggi.org/index.htm

② ピュー・センター ホームページ http://www.pewclimate.org/

③ ニューイングランド知事会議ホームページ http://www.negc.org/index.htm

④ WCGWI ホームページ http://www.ef.org/westcoastclimate/

⑤ 地球温暖化訴訟ホームページ http://www.climatelawsuit.org/

⑥ Tom Reilly マサチューセッツ州法務長官ホームページ http://www.ago.state.ma.us/

第12章 環境と平和

戦争と環境破壊の悪循環

本章のサマリー

①戦争・軍事行動と環境は両立しない。②近代において戦争は大きく変わった。とくに，20世紀には一般国民を巻き込み，1億人を超える人々が戦争で死亡した。③近代の戦争は欧米と日本による植民地分割の争いという側面が強い。④戦争や核実験が環境への影響を無視し，その結果，環境破壊を生み出すだけではない。ベトナム戦争以来，敵を殲滅するために環境破壊が戦争の主要戦術となった。⑤植民地の負の遺産でいまだに構造的暴力に苦しむ国々が多い。⑥地球温暖化による気候変動で，生活資源をめぐる戦争の可能性もある。⑦人間の歴史は戦争の歴史であり，戦争をなくすことはできないと考えるべきか。

本章で学ぶキーワード

近代　植民地　戦争　日清戦争　日露戦争　第一次世界大戦　国際連盟　日中戦争　第二次世界大戦　太平洋戦争　無差別空爆　国際連合　朝鮮戦争　ベトナム戦争　核の冬　枯葉剤　劣化ウラン弾　人口戦争　ペンタゴン・レポート　戦争倫理学　平和　構造的暴力

1 近代と戦争

●植民地獲得

　近代に入り,農業の生産性が向上するにつれて,地球上の人口は増え始めた。産業革命が始まったころ,6億4000万人だった人口は,1900年には16億5000万人,1950年には25億人に達した。さらに産業が高度化し,情報化時代を迎えた20世紀末には60億人を超え,2005年には64億人,2050年には85億人から90億人に達すると予想されている。しかし,戦争で死傷する人の数も飛躍的に増加した。16世紀まで,100年間で戦争による死者が100万人を超えたことはなかったが,近代に入り,加速度的に増えている。20世紀の100年に,1億人を超える人々が戦争でなくなったのである。

　自国民が,豊かで,幸福に生きられる社会を作り出すため,イギリスも,アメリカも,フランスも,ドイツも,スペインもポルトガルも,オランダも,ベルギーもイタリアも,デンマークも,ロシアもためらうことなく**植民地獲得**のために海外侵略をし,また内戦,革命戦争,独立戦争,対外戦争を行ってきた。武器の破壊力が飛躍的に増し,各国で徴兵制が敷かれ,**戦争**において戦闘員と非戦闘員の区別も無視されるようになった。その結果,20世紀には,何億もの人々が戦闘で死亡あるいは帰国後自殺し,負傷により不具になり,また神経症その他の不治の障碍を負ったと考えられている。

　日本も例外ではない。むしろきわだった戦争大国であったというべきである。近代日本の歴史をみると,富国強兵をスローガンとして,殖産興業政策(国内の近代化=産業化)と対外戦争によって,植民地を獲得し,世界の一流の仲間入りをめざし,大国にのしあがっ

てきたことが明確にみてとれるのである。

明治政府は，江戸時代末の内戦による明治維新の成功直後から台湾や朝鮮へ出兵を企画し，実行した。**日清戦争**（1894〜95年）と**日露戦争**（1904〜05年）に勝利し，租借地や賠償金をとり，新しく領土を増やし，台湾と朝鮮半島を植民地として獲得し，経営した。1934年には満州を植民地化した。アジアではじめての植民地宗主国となり，国富を増大したのである。

第一次・第二次世界大戦

20世紀には二つの世界大戦が戦われた。日本はそのどちらにも参戦した。**第一次世界大戦**（1914〜18年）では，歴史上はじめて，化学兵器（毒ガス），戦車，爆撃機が大規模に導入された。鉄道を使って，武器・弾薬・兵士たちが大量に戦場に送り込まれた。ドイツの無制限潜水艦攻撃で被害を受けたアメリカも対独参戦した。トルコ，ロシアを含む多くの大国が参加し，工業生産力と国民の生活を総動員した総力戦となり，双方で6300万人もの兵力が投入され，約860万人が戦病死したといわれている。

この悲惨な結果を反省し，ウッドロウ・ウィルソン（Woodrow Wilson）アメリカ大統領の提案を受け入れ，1920年，スイスのジュネーブに**国際連盟**（League of Nations）が創設された。集団的安全保障を中心とする平和維持と，植民地問題など世界の社会的，政治的問題の解決のための国際協力をかねた，歴史上はじめての総合的国際組織であった。

しかし，世界に平和はもたらされなかった。満州事変（1931年），満州国樹立（1932年）を経て，盧溝橋事件（1937年）をきっかけに対中国全面戦争に突入した日本。おくればせながらアフリカに植民

地をもとめエチオピアに侵攻（1935年）したイタリア。チェコスロバキア一部割譲（1938年）では満足せず、ポーランド西部を侵攻（1939年）したドイツ。その機に乗じてポーランド東部を占領（1939年）したソ連。これらをきっかけに、**日中戦争**（1937〜45年）、**第二次世界大戦**（1939〜45年）、**太平洋戦争**（1941〜45年）が始まった。天皇制ファシズムの日本、ムッソリーニのイタリア・ファシズム、ヒットラーのドイツ・ナチズムなど枢軸国とアメリカ、ソ連、イギリス、フランス、中国、ポーランド、ユーゴスラビアなどの反ファシズム連合国が、ヨーロッパ、北アフリカ、アジア・太平洋地域を戦場にして、総力をあげた全面戦争に突入したのである。それは今までに例をみない悲惨な戦争であった。

1903年に発明された飛行機の大規模な軍事利用は第一次世界大戦中に始まったが、ムッソリーニのイタリア軍によるエチオピア侵入（1935年）での爆撃、ナチスドイツの空軍、コンコルド部隊によるスペインのゲルニカ空爆（1937年）を経て、非戦闘員（一般の住民）を標的とした**無差別空爆**は日中戦争、第二次世界大戦、太平洋戦争において主要な戦略となった。たとえば英空軍によるドレスデン、ケルン、ハンブルグなどのドイツの諸都市空爆。日本空軍による南京、広東、重慶など中国の諸都市絨毯爆撃。独空軍によるバーミンガムやブラッドフォードなどのイギリスの工業都市爆撃。米空軍による東京下町、大阪、名古屋、神戸などへの絨毯爆撃がある。また、独空軍によるロンドンへの空爆と海峡横断弾道弾によるロケット攻撃もそうである。敵国の工業生産基盤を破壊するとともに、敵国国民の戦争継続の意思を挫くことがめざされたのである。

またイタリアと日本はすでに国際法で禁止されている化学兵器を使用した（中国本土・日本国内にはいまだ、旧日本軍によって化学兵器が

投棄されたままになっている)。イタリアもドイツも降伏し、日本だけが最後まで戦い続けていた1945年5月には、沖縄全島で日米の地上戦があり、多くの一般住民が巻き込こまれ、非戦闘員が自国の戦闘員によって殺されるという姫ゆりの塔に象徴される悲劇が起こった。そして、1945年8月6日には砲身方式の原子爆弾第一号(愛称little boy)がアメリカの爆撃機エノラ・ゲイから、軍都広島市中心に、8月9日には爆縮方式の第二号(愛称fat man)が海軍兵器工場の集中する軍港長崎に投下され、一瞬のうちに数十万人が殺されたことだけは、よく知られている。

　第二次世界大戦においては、最高時の兵員数は枢軸国軍で2170万人、連合国軍4690万人にのぼった。さらに双方で約4500万人の非戦闘員が武器製造にかかわった。ナチの強制収容者ではユダヤ人など約600万人が「最終処理」された。戦闘、爆撃、強制収容所や絶滅収容所での殺戮、暴動抑制、疾病、飢餓などにより、5400万人に近い兵士と非戦闘員が死んだのである。そのほかに、歴史上類をみない規模で難民が発生した。第一次世界大戦では、400万人から500万人の難民が生み出されたが、第二次世界大戦では、ヨーロッパだけで、約4000万の難民が生まれた。ほかに、ドイツで抑留、強制労働を強いられた外国人は1100万人、ポーランド、チェコなど東ヨーロッパから追放されたドイツ人は1400万人にのぼった。アジアでは、日本の中国占領で5000万人の中国人が家を失った。

冷戦下の平和：第二次世界大戦後の世界

　第二次世界大戦直後、1945年、ニューヨークに、**国際連合**(United Nations)が設立された。今度こそ、世界の平和を実現し、人権問題、経済的、社会的、文化的、人道的問題を解決するために、

1　近代と戦争　259

アメリカ・ソ連・イギリス・フランス・中国（中華民国，1971年からは中華人民共和国），の主要五カ国が常任理事国として拒否権など圧倒的な力をもつ，安全保障理事会が組み込まれた。しかし，平和は訪れなかったのである。

(1) 朝鮮戦争

朝鮮半島における日本の植民地支配からの解放運動のなかから，1948年に北朝鮮（朝鮮人民共和国）と韓国（大韓民国）が成立した。そして国連創設5年後の1950年には，北朝鮮・中国軍とアメリカを中心とする国連多国籍軍が**朝鮮戦争**を始めたのである。この戦争は1953年，停戦協定が結ばれただけで，戦争自体はいまだ終結していない。

(2) ベトナム戦争

同じように，フランスの植民地支配から独立する過程で，ベトナムは，南ベトナム（ベトナム共和国）と北ベトナム（ベトナム民主共和国）に分裂した。南北統一をめざすベトナムの民族解放戦争は1961年から75年まで15年も続いた。この**ベトナム戦争**で，次節で触れるような戦争による環境破壊が大きな問題となって浮かび上がってきたのである。

(3) 冷戦と地域紛争

第二次世界大戦後まもなく冷戦が始まり，世界はアメリカを中心とする西側諸国と，ソ連を中心とする東側諸国の軍事力拡大レース，とくに水爆など，より破壊力のある核兵器の開発競争と大陸間弾道ミサイル，潜水艦など核弾頭の運搬・発射手段の開発競争が始まってしまったのである。1962年のキューバ・ミサイル危機では，人類はアメリカとソ連の間で核戦争の危険に直面した。

1948年の建国以来イスラエルは，中東戦争を繰り返した。新し

く植民地から独立したアフリカ諸国，南アジア，東南アジアの国々や旧植民地の多い中南米でも戦争，内戦，武力紛争が頻発した。1950年から93年まで戦争は増え続けた。1991年，冷戦が終結し，いくつかの長期戦争に終止符が打たれ，戦争の数は減る傾向にあるが，戦争と武力紛争の合計数はなお高い水準にあるのである（表12-1参照）。さらに2001年の9.11米同時多発テロへの報復として始まったアフガン戦争は，2003年にはイラクに飛び火した。アメリカ，イギリスを中心とする有志連合は3月にイラクに侵攻，イラク戦争が始まり，5月には戦争終結宣言が出された。自衛隊も復興支援目的で派遣されているが，状況は「ベトナム戦争化」の兆候をみせ，なお平和へ展望は開かれていない。

2 戦争と環境破壊

● 近 代 兵 器

　戦争は最大の環境破壊であるといわれる。地球環境にとって戦争より破壊的なものが本当にないのか，戦争が本当に最大の環境汚染なのかはあまり確かではない。しかし，誰もそれを真っ向から否定しようとはしない。なぜか。アメリカとソ連が対立していた冷戦時に深刻に心配されたように，核兵器がいったん戦争に使用され，全面的な核戦争が起こったら，瞬時に非常に多くの人命が失われ，広島・長崎の経験から容易に想像できるように，生き延びた人々にとっても地域の自然環境そのものが大規模に破壊されるからである。「核の灼熱地獄」と放射能汚染である。

表 12-1 戦争と武力紛争の件数 (1950〜2002 年)

年	戦争	戦争と武力紛争	年	戦争	戦争と武力紛争
1950	13(件)		1983	40	
			1984	41	
1955	15		1985	41	
			1986	43	
1960	12		1987	44	
			1988	45	
1965	28		1989	43	
			1990	50	
1970	31		1991	54	
1971	31		1992	55	
1972	30		1993	48	65(件)
1973	30		1994	44	61
1974	30		1995	34	49
1975	36		1996	30	48
1976	34		1997	29	47
1977	36		1998	33	50
1978	37		1999	35	49
1979	38		2000	35	47
1980	37		2001	31	48
1981	38		2002(予備推計)	28	45
1982	40				

(資料) Arbeitsgemeinschaft Kriegsursachenforschung and the Institute for Political Science at the University of Hamburg.
(出所) ワールドウォッチ研究所『地球環境データブック 2003-04』VITAL SIGNS The Trends That Are Shaping Our Future p.97.

核の冬

さらに，それらに続いて取り返しのつかない地球規模の劇的な気象変動が起こりうる。コーネル大学のカール・セーガンなどのいう「**核の冬——複合核爆発の地球的影響**」(1983 年) が予想されるからである。

大規模な核戦争が勃発すると，熱戦の作用で生じた大火災に伴い，大量に巻き上げられたチリが地球全体を覆い，太陽光線がさえぎられる。昼でも薄暗く，地表には太陽熱が届かず，気温がどんどん下がる。こうなると，作物はもちろん育成できず，人類は絶滅の危機に瀕する。

しかし、核戦争以外でも、戦争は大きな環境破壊をもたらす。端的にいって、戦争と環境は両立しない。敵を殲滅するためには環境は度外視される。敵を殲滅するために、まず環境を破壊することが戦術となることすらある。ここでは、ベトナム戦争での枯葉剤などによる環境破壊と、湾岸戦争でのウラン劣化弾使用をみてみよう。

ベトナム戦争における枯葉剤使用

ベトナム戦争（1961～75年）は南部ベトナム解放をめざす北ベトナムと南ベトナム解放戦線に対し、反共産主義を掲げる南ベトナムとその南ベトナムを全面的に支援するアメリカとの戦いであった。北側には中国、ソ連の支援があり、南側には韓国、オーストラリア、タイなどが参戦した。この戦争で軍人、非戦闘員あわせ、双方で約200万人が死亡した。アメリカは核兵器、潜水艦を除くあらゆる兵器を投入し、第二次世界大戦中にアメリカが使用した量の3倍もの爆弾がベトナム、さらにはラオス、カンボジアに投下された。B52による絨毯爆撃で800万ヘクタールに及ぶ森林、農地、村落、都市が破壊された。爆撃によって地表にできたクレーターは22万ヘクタール、風圧爆弾一発で、1.3ヘクタールの森林がなぎ倒された。**枯葉剤**もアメリカが集中的に使用した兵器の一つであった。

枯葉剤は戦争に勝つために、環境の破壊そのものを目的として使用された点で特筆される。北ベトナムは、安南山脈を南北に走り、峻険な山地の深い森のなかに隠れて作られたホーチミンルートを使って、南ベトナムの奥深くまで支援の兵力と物資を送り込んだ。北ベトナム正規軍と南ベトナム解放戦のゲリラは、熱帯雨林に潜み、執拗に南ベトナム軍・アメリカ軍を攻撃し、大きな打撃を与えた。枯葉剤は熱帯雨林に潜む、この厄介な敵を掃討する目的で、まず敵

のカバーとなっている熱帯雨林そのものを破壊するためにアメリカ軍によって使用されたのである。プランテーション，水田，上水水源を破壊することも，目的であった。ホーチミンルート，メコンデルタ沿岸部などに大量の枯葉剤が散布されたのである。ベトナムだけで8万3600キロリットル，ラオスに1965～69年の間に1595キロリットルが散布された。カンボジアに関するデータはないという。

　枯葉剤の環境への影響は甚大であり，エコ（環境）とサイド（殺し）を合成した「エコサイド」（環境汚染による生態系破壊）という言葉さえ生み出した。1962年から71年までの10年間に3800万リットルが散布された。枯葉剤によって深刻な影響を受けた森林面積は240万ヘクタール以上に及ぶと推定されている。ベトナム戦争が終了してから，30年が経過したが，土地に本来生息していた樹木が自然に再生する兆しはない。影響を受けた土地は現在も雑草に覆われているし，動物相も貧困で，ベトナム戦争以前とはまったく異なっているのである。植樹によって森林や生態系の回復をめざすプログラムが実施されており，マングローブ林の回復，鶴の生態系への復帰など一定の成果をあげているが，これからも莫大な資金と長期にわたる取り組みが必要であると考えられている。また自然破壊にとどまらず，人的な被害も深刻である。ベトナムでは「ベトちゃん・ドクちゃん」のような二重胎児，奇形児が大量に生まれたのである。

ダイオキシン

枯葉剤として散布された薬品（2・4・5・Tや2・4・D）のなかには猛毒のダイオキシンが含まれており，南ベトナムの生態系や人間に大きな影響を与えてきたことが明らかになってきている。枯葉剤の一種のオレンジ剤

をベトナム戦争で被爆したアメリカ,韓国,オーストラリア,タイなどの帰還兵にもがんなどが多発しているといわれている。戦場となったベトナムでも,参戦した多くの北ベトナム兵士や南ベトナム解放戦兵士をはじめ,多くのベトナム人に深刻な被害を与えた。そしてその子,その孫まで,無脳症,無眼球症などの先天奇形をはじめ多くの遺伝性疾患に苦しんでいることが,今日ようやく明らかになってきたのである。

また,米軍が戦時中にベトナム国内に設置した基地周辺も高度に汚染されている。なかでもホーチミン市北郊外のビエンホアと中部のユエの南にある,ダナンの元米空軍基地周辺の深刻なダイオキシン汚染が注目されている。テキサス大学の調査(2001年)では,ビエンホア元空軍基地周辺の住民の血液からは通常値 2 ppt の 206 倍という高度汚染が明らかになっている。先天奇形の子供たちも多数みつかっているのである。

湾岸戦争における環境破壊

湾岸戦争(1990〜91年)はイラク戦争(2003年〜)の前哨戦であった。1990年8月2日,フセイン大統領率いるイラク軍は大挙して隣国クウェートに侵攻,全土を占領し,自国の領土に組み入れた。国連は,イラクの行動を侵略とみなし,多国籍軍による武力行使(国連決議678)を決議した。イラクが撤退要求に応じなかったため,アメリカ・イギリスを中心とする多国籍軍は1991年1月「砂の嵐作戦」を発動,多国籍軍はイラク軍に大きな損害を与えた。2月,イラクは国連の撤退要求を受諾した。この戦争は,短期間に終わった。アメリカはレーザー誘導によって軍事関連施設や政府関係施設だけを爆破する「スマート爆弾」などのハイテク兵器を駆使

し，圧倒的な強さを示したのである。

クウェートから撤退するイラク軍によって放火されたといわれる油田群は，その後1年間にわたり燃え続け，ヒマラヤ山脈にまで達する深刻な大気汚染を引き起こした。タンカー，貯蔵タンク，海上油井，精油所から流出した油によって海洋汚染も引き起こされた。「油まみれの水鳥」の映像が放映され，イラクによる環境テロの証拠とされ，強く非難された。アメリカ・イギリス軍を中心とする多国籍軍側もイラクの油田や製油施設の80％を破壊する空爆を敢行し，イラクのタンカーを攻撃して，海洋汚染を引き起こしている。さらに湾岸戦争ではじめて使われ，ボスニア軍事介入（1995年），旧ユーゴ・コソボ空爆（1999年）でも使われた**劣化ウラン弾**の問題が大きく注目されている。劣化ウラン弾はアフガン戦争（2001年），イラク戦争（2003年～）でも使用された。バンカーバスターといわれる巨大爆弾やA10攻撃機が使用した30ミリ砲弾がそうである。

> 劣化ウラン弾

核兵器や原子力発電用の濃縮ウラン製造過程で生まれる劣化ウラン（ウラン238）は，鉛より比重が重く，優れた貫通力をもち，対戦車砲弾として絶大な威力を発揮する。摩擦熱による発火力も高く，発火の際にエアゾル化して，放射能を含んだ微粒子が大気中に飛散する。これを吸収すると，体内に取り込まれ，劣化ウランのもつ化学的毒性とあわせ，人体や動物に悪影響を与え，環境汚染を引き起こす懸念がある。

湾岸戦争では，戦車や戦闘機からアメリカ・イギリス両軍あわせて約95万個（劣化ウラン約320トン分）の砲弾がクウェートとイラクで広範囲に使われた。その結果，地上戦に加わったアメリカ軍兵士43万6000人，イギリス人兵士3万人が放射能汚染地帯に入り，

劣化ウラン粒子の吸入などで被曝したと推定されている。

　湾岸戦争に参加した退役アメリカ軍人57万9000人のうち，18万2000人が病気や傷害に伴う「疾病・傷害補償」を請求した。イラクでも，元兵士，市民，子供たちに白血病やリンパ性がんなどさまざまながんが増加し，先天性異常をもつ新生児の誕生も目立つと報告されている。

　しかし，アメリカもイギリスも劣化ウラン弾による汚染が人体や環境への影響を与えるほどのものではないと主張している。その根拠は，以下のようなものである。

- 劣化ウランとは，天然ウラン鉱を原子炉や核兵器に使用するために濃縮する際に残る副産物で，有毒で高密度の超硬金属である。
- 濃縮プロセスの過程で，放射性の強いアイソトープの大部分が取り除かれるために，劣化ウランの放射性はウランより弱く，バックグラウンド放射線と大差ない。
- 劣化ウランの被曝と，がんやその他の重大な健康上あるいは環境上の影響の増大との関連を，信頼できる科学的根拠に基づいて証明するものは存在しない。
- 劣化ウランが健康を害する主要因は化学的毒性ではなく放射能である，という誤解が多くみられる。
- 劣化ウラン貫通弾の腐食による地下水の局地的汚染の可能性はあるが，線量率がバックグラウンド放射線レベルを大幅に超える可能性は低く，地域住民へのリスクは最小限である。
- 国連環境計画（UNEP）の調査（2001，2002，2003年）で，劣化ウラン弾の残留物が，報道されているバルカン地域でのがんの発生リスクの増加と関係している可能性は非常に低いことがわ

かった。

これは，もっともらしい説明であるが，ベトナム戦争における枯葉剤使用の，環境と人間の健康への影響の調査と研究の歴史を知っているわれわれには，すぐに信じることは難しい。バルカン地域のみでなく，さらに大量に劣化ウラン弾が使用されたアフガン，クウェート，イラクでの国際機関による実地調査と研究を急ぐべきであろう。

3 環境破壊と戦争
●人口戦争と地球温暖化戦争

ベトナム戦争と湾岸戦争の例が明確に示すように，戦争は環境を破壊する。しかしそれだけではない。戦争の準備，兵器の研究開発と実用化のための実験や，それを使いこなすための実地演習，さらには陸・海・空軍の基地の存在自体が環境を破壊していることも忘れてはならない。大気圏内核実験はあまりに環境破壊が著しく，アメリカ，イギリス，ソ連は地下実験に限定したが，フランスと中国の実験は続けられた。1996年に包括的核実験禁止条約が国連総会で採択されるまで，アメリカ1032回，ソ連715回，イギリス45回，フランス209回，中国45回の実験が行われた。この条約に反発するインドは，1974年に続き98年に5回，これに対抗するパキスタンも6回実験を行った。また沖縄の米軍基地や先に触れたベトナムの元米軍基地での環境汚染の問題があるし，旧ソ連軍基地での問題も深刻であると指摘されている。戦争だけでなく，戦争遂行のためのあらゆる軍事活動は環境と生命・健康を徹底的に破壊するのである。

これとは逆に，環境の破壊が戦争を引き起こすことがある。中米のエルサルバドル，アフリカのルワンダなどがそうである。さらには，『ペンタゴン・レポート』が指摘するように，地球温暖化による急激な気候変動が生活資源をめぐる国際紛争を激化させ，戦争を引き起こす可能性もある。

エルサルバドルの人口戦争

　1969年7月，ホンジュラスとエルサルバドルの間で，「サッカー戦争」が起きた。しかし，これは史上はじめて人口密度が引き金になった戦争，「**人口戦争**」であった。

　石弘之によるとこうである。まず，ホンジュラスの首都テグシガルパで行われた両国のナショナル・チームの試合で，ホンジュラスが1対0で勝ったことから始まった。1週間後，エルサルバドルの首都サンサルバドルで，リターンマッチが戦われ，今度はエルサルバドルが3対0で勝った。試合後，興奮したエルサルバドルのファンがグランドになだれこみ，ホンジュラスの選手は装甲車で命からがら脱出した。だが，ホンジュラスからやってきたファンが袋だたきにされ二人が殺された。その日の夕暮れに，テグシガルパ上空に飛来した軍用機が爆弾を落とした。これをきっかけに，空軍が相手の都市を爆撃する全面戦争に突入したのである。100時間の戦闘で6000人が死亡，1万2000人が負傷し，50万人が家や畑を失った。和平条約が結ばれる1980年まで，国境での小競り合いは続いた。しかし，これは当時，大々的かつ面白半分に報じられたようにサッカーに熱狂するラテン気質が原因ではなかった。スタンフォード大学の社会学者らの調査でエルサルバドルの人口過密が紛争の引き金だった事実が明らかにされた。

エルサルバドルには現在，四国に淡路島を加えたぐらいの国土に，606万人（98年国連統計）が住む。1960年から2.4倍にも増えている。人口密度は1平方キロあたり280人で中米平均の6倍もあり，西半球で最も高い。森林率は6％で，イルラエルやイラクなどの砂漠国とほぼ変わらない。1821年のスペインからの独立当時は国土の7～8割は森林だったと推定されているが，1961年には11％なっていた。

土地制度は，歴史的にみても植民地支配によって著しくゆがんだものである。独立後も，悪名高い14家族が土地を支配して，先住民に奴隷労働をさせていたが，現在でもわずか2％の大地主が60％の土地を支配している。わずか5％の土地に半数の農民が集中，3分の1の農民はまったく土地がない。こうした農民の多くは，山岳地帯の急斜面や侵食を起こしやすい火山灰地で無理な耕作を営み，すでに国土の4分の3は深刻な土壌浸食を起こしている，と米州銀行の報告にある。

エルサルバドルはさらに1970年代に入って，アメリカの「ハンバーガー・コネクション」に巻き込まれた。マクドナルドやバーガーキングなどアメリカのファーストフード産業に牛肉を供給するために，1994年には，国土面積のほぼ3割を占める放牧地に123万頭の牛が飼われ，ホンジュラス，グアテマラとともに一大食肉生産基地になった。これが土地の不足に拍車をかけ，奥地の乱開発を招いたのである。

国内の過密と土地不足は，国外に人を押し出す圧力になった。「戦争」勃発当時，人口は360万人に達し，すでに中米の最過密国であった。1960年代に入って，農地のない零細農民や超過密化した都市スラム住民が，国境を超えてホンジュラスに大挙して密入国

した。この経済難民の数は、紛争当時30万人を超えていた。とくに、サッカー戦争の直前には、ホンジュラス政府が新たな法律を作って、エルサルバドル人を本国に強制送還しようと企てていたことから、二国間の関係は険悪化していたという。

さらに悲惨なのは、「サッカー戦争後」、隣国への脱出が困難になり、人口圧力の安全弁が閉じられて、国内の圧力が高まり、軍部に支持された右翼の国民共和党政権と人権派のカソリック神父や左翼に支持された土地のない農民、都市失業者、貧困者の間でのデモやストライキが頻発し、政府は「死の部隊」を組織し、誘拐、暗殺、拷問で対抗した。1980年、市民の人望の厚かった人権活動指導者のオスカル・ロメロ大司教が暗殺されたのを機に、左翼はゲリラの連合組織「ファラブンド・マルティ民族解放戦線」（FMLN）を結成し、政府側と全面的な内戦に突入した。その、前年にニカラグアで左翼の民族解放戦線が勝利を収めたことに危機感を抱いたアメリカが、政府側に肩入れして、軍隊を訓練し、大量の武器やアドバイザーを送り込んだため、さらに戦闘は激しくなっていたのである。1992年に国連の仲介で政府とFMLNが和平協定に調印して、内戦は収まった。だが、この12年の内戦で、7万500人が殺害された。その後も、土地の荒廃は進み、農業生産は低下し、国内紛争は続いているのである（石［1998］）。

石弘之は次のように述べて、この図式はハイチとドミニカの慢性的紛争、1970年前後と80代はじめのアフリカ・サヘル地方を襲った大旱魃を原因とする大量の環境難民の、マリからセネガル、ニジェールからナイジェリア、エチオペアからケニアへの流出による紛争にも当てはまるとしている。

「環境悪化は、小国、山岳国、島国、など環境容量が限られ

た国や，乾燥地，山歴地帯，低湿地など脆弱な生態系の地域で発生すると，短時間に破局的な状態にまで発展する。さらには，人口の移動や地域経済の破綻を招き，これに社会的分配の不平等性，民族対立などが結びつくと，暴力を誘発して武力紛争につながる」(石 [1998] 195 ページ)。

スーダンの内戦，メキシコのチアパス州でのマヤ族の反乱のほか，環境悪化が原因で国内外の緊張が生まれているとされる国や地域は中国，北朝鮮を含め，欧米と日本による元植民地や半植民地であることは，決して見逃されてはならない。

ペンタゴン・レポート 2003 年 10 月に，「急激な気候変動シナリオと合衆国国家安全保障への含意」と題された，**ペンタゴン・レポート**が発表された。それによると，地球温暖化による急激な気候変動による圧力から生み出される暴力や混乱は，今までとは異なる安全保障上の脅威をもたらすと予想されている。農業生産高の減少による食料不足，洪水，旱魃による水不足と水質の悪化，氷や嵐による戦略的鉱物資源へのアクセスの阻害などが起こると考えられるのである。

気候変動によって，2010 年から 30 年までにヨーロッパ，アジア，アメリカ合衆国で起こると予想さる紛争のシナリオが一覧表にされている。それによると，2030 年，ロシアのエネルギー資源をめぐり日本と中国の間で，緊張が高まると予想されている。ヨーロッパは内紛状態となり，アメリカはヨーロッパからの大量の難民を迎えることになる。自然災害と国際紛争が常態化するかもしない。

そして，国際紛争が多発する世界においては，核兵器の拡散は避けられないとされ，既存の核兵器所有国のほか，イスラエル，日本，

韓国，ドイツ，イラン，エジプト，北朝鮮が核武装すると予測されているのである。

このレポートの狙いがどこにあるのかを議論することもできようが，ワーストケース・シナリオとしては，十分にありうる分析ということもできる。

結論に代えて

上述してきたように，戦争が，環境を破壊することは疑いもない。リオデジャネイロ宣言はいう。「戦争は本質的に持続可能な開発の破壊者である (Warfare is inherently destructive of sustainable development)」（リオデジャネイロ宣言の24原則）。

加藤尚武は，『**戦争倫理学**』のあとがきで，こう述べている。

> 「人類が永久に戦争や拷問や組織的なレイプや誘拐など非人間的な行為を国家の名において正当化して行うことを続けるのであるならば，それが人間の避けることのできないあり方であるならば，人類が消滅した後の地球を思い浮かべることだけが救いになる。永久平和の追求は，人類が地球の上に生きることを許されるための存在理由である。」

こうして，本章で検討してきただけでも，近代と現代の戦争と環境破壊は，欧米と日本が推し進めてきた世界の植民地分割と，自然と人間を搾取する植民地経営に起因していることは明らかである。永久平和を追求するためには，**構造的暴力**の存在を見極め，植民地の独立後に持ち越された負の遺産の克服が必要である。そのためには，グローバリゼーションによる市場経済の進展だけでは，決定的に不十分である。植民地解放運動にかかわったという神話に何十年も安住する支配者を排除し，市場経済の失敗を補完する環境倫理学

的政治が強く求められているのである。

演習問題

1 平和とは戦争や武力紛争がないことを意味するのだろうか。考えてみよう。

2 植民地とはどうして生まれたのだろう。アメリカ，ヨーロッパの国々，日本について調べてみよう。

3 私たちの食べる牛肉はどこで，どのように生産され，誰によって輸入されているのか調べてみよう。

★ 参考文献

ピーター・シュバルツ，ドン・ランドル（加藤尚武監訳）[2004]『ペンタゴン・レポート』鳥取環境大学地球環境問題研究会。
戸田清 [2003]『環境学と平和学』新泉社。
加藤尚武 [2003]『戦争倫理学』ちくま新書。
ワールドウォッチ研究所 [2003]『地球環境データブック 2003-04』家の光協会。
日本環境会議／「アジア環境白書」編集委員会編 [2003]『アジア環境白書 2003/2004』東洋経済新報社。
古川久雄 [2001]『植民地支配と環境破壊』弘文堂。
石弘之 [1998]『地球環境報告書 II』岩波新書。
ヨハン・ガルトゥング（高柳先男・塩屋保・酒井悦子訳）[1991]『構造的暴力と平和』中央大学出版部。
三野正洋／田岡俊次／深川孝行 [1995]『20世紀の戦争』朝日ソノラマ。
古川純・山内敏弘 [1993]『戦争と平和』岩波書店。

〈関連ホームページ〉
① 在日米国大使館　http://japan.usembassy.gov/
② 国連環境計画　http://postconflict.unep.ch/

事項索引

● 英　数

EPR　209
ISO　15
IUCN　165
IWC　170
NGO　15
PL　209
PPP　210
QALY　6
QOL　6
SAP　105
WWF　165

● あ　行

足尾鉱毒事件　68
アセトアルデヒド　74
アニミズム　188
アプリオリ主義　151
アメニティ　168
諫早湾干拓　99
一神論　204
遺伝的汚染　182
移入者　180
因果性　71
ウォッチング　172
海の埋め立て　181
ウラン鉱山　101
エトス　18
疫学的因果関係　79
エコファシズム　10, 27
エコロジー　195
エコロジカル・フットプリント　150
エチオピア進入での爆撃　258
エネルギー密度　63
汚悪水論　79
オイル・ショック　68
応用倫理学　24
汚染者負担の原則（PPP）　210

● か　行

ガイア　7
開発独裁　100
外来種　181
　　——の規制　179
外来生物法　179, 180, 182
学習放獣　39
拡大生産者責任（EPR）　209, 210
核による人種差別　95
核燃料再処理工場　93
核の冬　262
核融合の制御技術　62
過去への責任　239
枯葉剤　263
ガン回廊　30
感　覚　174, 175, 176
感覚主義　24
環境影響評価法　180, 181

環境基本法　69
環境権　168, 198
環境債務　241, 250
環境主義　165, 166
環境人種差別　91, 102
環境正義　31, 91, 102
　──の運動　31
環境全体主義　10
環境難民　138
環境ファシズム　27
環境プラグマティズム　32, 33
環境への負荷　72
環境保護運動　166
環境問題　167
環境レイシズム　30
間接反証責任論　80
気候変動　228
気候変動枠組条約　232
技術予測　61
記述倫理学　19
規範倫理学　19
客観主義　27
救命艇の倫理　148
共　生　195
競　争　208, 224
共通だが差異ある責任　239
共同体主義　130
京都議定書　107, 232
京都メカニズム　234
共有地　169
共有地の悲劇　146, 207, 208
漁業被害　180, 181
極相説　178
キリバス　136

草の根環境主義　31
クジラやイルカの捕獲　171
クジラ漁　173
グリーンピース　103, 170
グローバリゼーション　155
グローバル化　231, 249
グローバル正義　108
経済人　147
経済的自由　207, 208, 223, 224
ゲルニカ空爆　258
原因者負担原則　240, 250
原因食品　82
健常者　175
原生自然　26, 29, 36, 164, 166
原生的　178
原　発　93
公　害　2, 69, 168
　──の原点　68
後悔しない政策　229
公害先進国　98
公害対策基本法　69
公害輸出　69
公共事業　181
　必要性の疑わしい──　99
公共信託論　197
交　雑　183
交雑混血　182
工場畜産　175
構造調整プログラム（SAP）　105
構造的暴力　109
　──の存在　273
効　用　13
高レベル（放射性）廃棄物　212
国際自然保全連合（IUCN）　165

国際通貨基金　105
国際標準化機構（ISO）　15
国際捕鯨委員会（IWC）　170
国際連合　259
国際連盟　257
国内植民地　100
コスモス　201
コスモロジー　201
固体主義　26, 126
固有種　181
固有の価値　25
コンピュータ　218, 220

● さ　行

再生可能エネルギー　63
再生可能資源　211
再生不能財　46
再生不能資源　211
在来種　180
殺　人　176
里　山　37
　　——の環境倫理　37
里山農業環境　37, 38
産業革命　256
産業公害　166
産業社会　207, 220, 221, 224
　　——の基本構造　220
サンクション　154
シエラ・クラブ　101, 164
市場経済　207
自然愛　191
自然愛好国民　189
自然遺産　183
自然エネルギー　109

自然権　197
自然主義　151
自然中心主義　22
自然に対する人間の責任　163
自然の権利　23
自然破壊者　189
自然保護　181
自然保護運動　165, 166, 167, 168, 169
自然倫理　188
持続可能　169, 178
持続可能な開発　211
持続可能な社会　18
質調整生存年（QALY）　6
社会ダーウィニズム　152
社会的弱者　95
自由主義　130, 174
自由（主義）社会　206, 208, 221, 225
囚人のジレンマ　15
主観主義　27
種差別　177
手段的な価値　11
種の保存法　181
需要創造活動　97
循環型社会形成推進基本法　210
障害者　177
障害者等の差別　177
障害をもった人　175
商業捕鯨　170, 171
　　——のモラトリアム　170
消費生活全般の徹底的見直し　219
消費爆発　93
情報化社会　221
昭和電工　73
殖産興業政策　256

事項索引　277

食中毒　77
食品衛生法　79, 81, 82, 86
植民地　256
食物連鎖　76
白神山地　169
人格　176
シンク機能　212, 220
人口戦争　269
新自由主義　108
人種差別　173, 177
人種的正義　107
信託観念　198
信託者　195
信託精神　195
神秘主義　202
スチュワード　195
スチュワードシップ　195
スピリチュアリティ　198
『スモール・イズ・ビューティフル』　46
生活の必要　172
製造物責任（PL）　209
生存の必要　172
生態系　26
生態系中心主義　24, 26
生態系の科学的管理　178
生の主体　121
生物種保護　9
生物多様性　26, 178, 179, 183
生物多様性保全　182, 185
生物的弱者　95
生物濃縮　76
生命尊重　176
生命体ピラミッド　196

生命中心主義　24, 25
生命の質（QOL）　6
生命の尊厳　12
生命の尊重　185
世界銀行　105
世界自然遺産　169
世界自然保護基金（WWF）　165
世界社会フォーラム　108
世界貿易機関　108
責任　71
石油の埋蔵量　53
石油文明　109
世代間倫理　9, 211
絶滅　8
　——の危機にある種の保存法　181
絶滅危惧種　26
選好　173, 175, 176, 177
選好功利主義　173, 177
選好能力　174, 175, 176
戦争　91, 107
全体主義　27
全体論主義　26
全地球的環境問題　170
全地球的な環境の危機　166
全米有色人種環境運動サミット　102
創造的破壊　157
ソース機能　212, 220
損失余命　5

● た　行

第一次世界大戦　257
ダイオキシン　264
対環境的行為　206
対環境的責任　209, 210, 216, 224

大気中炭酸ガス量　58
第三水俣病　73
大衆消費社会　97
第二次世界大戦　258
第二水俣病　73
太平洋戦争　258
大量消費　207, 215, 216, 222, 224
大量生産　207
大量廃棄　207, 215, 217, 222
台湾　257
タイワンザル　181, 182, 183, 185
タイワンザル問題　112
ただ乗り　13
タバコ　103
他民族差別　177
ダム　164, 165, 181
――の建設　180
チェルノブイリ原発事故　93
地球温暖化　228
地球温暖化訴訟　246
地球環境運動全史　165
地球の有限性　9
チッソ株式会社　73
乳飲み子の倫理　177
超越主義　151
鳥獣保護狩猟法　39
朝鮮戦争　260
朝鮮半島　257
直接的暴力　109
ツバル　136
デイリーの三条件　48
適応　231
豊島事件　3
手続き的正義　104

伝統的生活　171
伝統的文化　172
天然資源　166
道具的価値　22, 28
道徳上の一元論と多元論　34
道徳的資格　23
動物解放　172, 178
動物解放論　24, 26
動物の虐待　174, 175, 177, 178
動物の殺害　174
トキの人工孵化　183
特定鳥獣保護管理計画　39
土地制度　270
土地倫理　196
トラベル・コスト法　6

● な 行

内在的価値　11, 22
南北問題　99
新潟水俣病　73
二次的自然　38
二次林　37
日露戦争　257
日清戦争　257
日中戦争　258
ニホンザル　182, 183, 185
日本自然保護協会　167
日本窒素肥料株式会社　73
日本弁護士連合会　168
乳児用粉ミルク　99
人間中心主義　20, 22, 123
人間非中心中義　21
認定制度　82
熱塩輸送システム　137

農業被害　182
農用林　37

● は 行

パトス中心主義　24, 26
パン・エン・セイズム　202
反グローバル化運動　108
反公害の運動　167, 168
汎在神論　202
汎神論　188
パン・セイズム　188
ハンター・ラッセル症候群　83
反人間中心主義　214
ハンバーガー・コネクション　270
万物霊魂論　188
非営利団体（NGO）　15
非在来型ガス　51
非在来型原油　51
病因物質　82
琵琶湖　180, 181
貧困と環境破壊の悪循環　106
負担能力　147
仏教経済学　198
ブラックバス　179
ブルントラント委員会報告書　42
文化遺産　183
文化財　168, 183
　　——の保護　185
文化財保護法　181
文化的暴力　109
分配的正義　104
ベジタリアン　175
ベトナム戦争　260
ヘドニック法　6

ペンタゴン・レポート　137, 272
包括的核実験禁止条約　268
飽食　171, 172
保険指標　95
保全　36, 165, 173, 179, 183
保全運動　168
保全思想　170
保全主義　170
保全生態学　178, 179, 182
保存　36, 173, 179, 182
　　——と保全　166
　　——の思想　171
保存主義　164, 167, 169, 170
保存主義的管理　171
ボパール農薬工場事故　99

● ま 行

マイカー　217, 220
満州　257
見えざる手　147
水俣病　98, 250
未来への責任　239
メタ倫理学　19
メタン・ハイドレート　50
モノ・セイズム　204
モルディブ　136

● や 行

薬害大国　98
野生生物種の保全　165
野生生物種の保存　165
野生動物　175
　　——の保護　166
ヤンガードライアス期　136

有機水銀説　76
有機水銀中毒　72
よい生き方　172
予防原則　3, 4
弱い人間中心主義　35
四大公害裁判（訴訟）　3, 68, 96

● ら　行

霊　性　198
歴史的価値　183
歴史的ストック　168
レジーム　232
劣化ウラン弾　107, 266
ロックの但し書き　42

人名索引

●ア 行

アリストテレス　172
安藤昌益　14
ウィルソン, E. O.　146
エマソン, R. W.　159

●カ 行

カーソン, R.　88, 166
加藤尚武　177
ガルトゥング, J.　108
カント, I.　115, 152
鬼頭秀一　169, 171
キャリコット, J. B.　28
キング, M. L.　107
グーハ, R.　29
熊沢蕃山　14
コモナー, B.　93

●サ 行

シューマッハー, E. F.　46
シュレーダー＝フレチェット, K. S.　32
シュンペーター, J. A.　157
シンガー, P.　24, 117, 172, 174, 175, 176, 177
スネル, B.　97
スノー, J.　80
スペンサー, H.　144

スミス, A.　156
関礼子　167
ソロー, H. D.　159

●タ 行

ダーウィン, Ch.　143
田中正造　68
チェイビス, B. F.　102
デイリー, H.　47, 211
デカルト, R.　115

●ナ 行

ノートン, B. G.　35

●ハ 行

パスモア, J.　21, 163
ハーディン, G.　146
原田正純　98
ピンショー, G.　165, 168
ブラード, R. D.　102
ベンサム, J.　24, 117
細川一　75
ホルト, N.　203
ホワイト・Jr., L.　19

●マ 行

マコーミック, J.　165
宮本憲一　168
ミューア, J.　164, 167, 184

メンデス, C.　106
守山弘　37
モンテーニュ, M.　116

● ヤ 行

ヨナス, H.　64, 158

● ラ 行

リーガン, T.　121
レオポルド, A.　146, 153
ロンボルグ, B.　7

● ワ 行

鷲谷いづみ　178, 179

〈編者紹介〉

加藤 尚武 (かとう ひさたけ)

1937 年生まれ
京都大学名誉教授
〈主著〉『環境倫理学のすすめ』丸善ライブラリー,『現代倫理学入門』講談社, など

環境と倫理 [新版]
Ecology and Ethics, 2nd ed.

1998 年 8 月 20 日	初版第 1 刷発行
2005 年 11 月 20 日	新版第 1 刷発行
2020 年 1 月 30 日	新版第 10 刷発行

ARMA 有斐閣アルマ

編　者　　加　藤　尚　武
発行者　　江　草　貞　治
発行所　　株式会社　有　斐　閣
　　　　郵便番号 101-0051
　　　　東京都千代田区神田神保町 2-17
　　　　電話　(03)3264-1315〔編集〕
　　　　　　　(03)3265-6811〔営業〕
　　　　http://www.yuhikaku.co.jp/

印刷　大日本法令印刷株式会社・製本　大口製本印刷株式会社
© 2005, Hisatake Kato. Printed in Japan
落丁・乱丁本はお取替えいたします。
★定価はカバーに表示してあります。

ISBN4-641-12266-0

Ⓡ 本書の全部または一部を無断で複写複製(コピー)することは、著作権法上での例外を除き、禁じられています。本書からの複写を希望される場合は、日本複製権センター(03-3401-2382)にご連絡ください。